衣物中的化学

生活有化学

CHEMISTRY IN
EVERYDAY LIFE

胡杨　吴丹　王凯　陈放　著

中国妇女出版社

图书在版编目（CIP）数据

生活有化学. 衣物中的化学 ／ 胡杨等著. —— 北京：
中国妇女出版社，2024.9
ISBN 978-7-5127-2389-4

Ⅰ.①生… Ⅱ.①胡… Ⅲ.①化学-少儿读物 Ⅳ.
①O6-49

中国国家版本馆CIP数据核字（2024）第085334号

责任编辑：朱丽丽
封面设计：付 莉
责任印制：李志国

出版发行：中国妇女出版社
地 址：北京市东城区史家胡同甲24号   邮政编码：100010
电 话：（010）65133160（发行部）   65133161（邮购）
网 址：www.womenbooks.cn
邮 箱：zgfncbs@womenbooks.cn
法律顾问：北京市道可特律师事务所
经 销：各地新华书店
印 刷：小森印刷（北京）有限公司

开 本：165mm×235mm   1/16
印 张：10.5
字 数：100千字
版 次：2024年9月第1版   2024年9月第1次印刷
定 价：59.80元

如有印装错误，请与发行部联系

推荐序一

作为一名分析化学与纳米化学领域的科研工作者，我深知化学在人类生活中的重要作用。这套书以生活为舞台，化学为线索，为孩子们破解衣、食、住、行中的科学密码，是培养孩子们创新精神和科学素养的优秀读物！作者胡杨博士毕业于清华大学化学工程系，拥有丰富的专业知识和扎实的学术功底。他和他的团队通过这套书，将复杂的化学知识以通俗易懂的方式呈现给孩子们，让孩子们在轻松愉快的阅读中感受化学的魅力。

这套《生活有化学》系列共分为四册，分别围绕衣、食、住、行四个方面展开。通过《衣物中的化学》，我们了解到从树叶、兽皮到人工合成纤维的发展历程，感受到了化学在服饰领域的神奇作用。通过《食物中的化学》，我们认识到食物的变质、口感、颜色等都与化学息息相关。通过《建筑中的化学》，我们看到了化学在建筑材料、环保等方面的应用。而在《交通中的化学》一书中，我们知道了化学在交通工具发展中的重要作用。

以下是我对这套书的四点推荐理由：

一、贴近生活，激发兴趣

这套书将化学原理与日常生活紧密结合，让孩子们在熟悉的事物中感受到化学的魅力。这种贴近生活的讲述方式，有助于激发孩子们对科学的兴趣，培养他们的探索精神。

二、汇聚前沿知识，打开孩子视野，帮孩子从课堂走向未来

时代的发展，从来都不能缺少前沿知识的引领。科技是化学的一种表现形式，也是化学最具价值的应用领域。这套书涵盖了衣、食、住、行等领域，让孩子们在了解化学知识的同时，拓宽视野，增长见识。

比如，《衣物中的化学》带孩子了解了未来永不断电的可以监测人们心率、呼吸、血糖、血氧的智能服装，可以让聋哑人摆脱身体残疾困扰的"既能听又能说的"声感衣服；《食物中的化学》带孩子了解了最新的人造淀粉技术；《建筑中的化学》带孩子展望了人类建筑的未来，如透明的木头、自修复混凝土、3D 打印的月球家园等；《交通中的化学》带孩子了解人类要想走出地球并踏上星际旅行的航程，交通工具方面需要做的准备等。

三、通俗易懂，寓教于乐

这套书运用生动的语言、丰富的案例、有趣的科普插图，将复杂的化学知识讲解得通俗易懂。孩子们在轻松愉快的阅读过程

中，不知不觉地掌握了化学知识。

四、培养科学思维，提高创新能力

这套书不仅科普了化学知识，还培养了孩子们的科学思维和创新能力。这对于他们未来的成长和发展具有重要意义。

总之，《生活有化学》是一套优秀的科普作品。我相信，它将引领广大青少年读者踏入科学的殿堂，激发他们对化学的无限热爱。我衷心期望这套书能够得到大家的喜爱，将科学的种子播撒到更多读者的心田，激励更多孩子热爱科学，为我国的科技进步贡献力量。

陈春英

中国科学院院士

分析化学与纳米化学专家

2024 年 6 月

推荐序二

　　你是否对"化学"这个词感到陌生和遥远呢？每当提到化学，大家脑海中可能会浮现出烧杯、烧瓶、三角瓶等实验室场景和那些看不懂的元素符号。或许你会觉得，化学离我们很遥远，与我们的生活无关。其实，在我们的日常生活中，无论是穿的衣服，吃的食物，住的房子，还是出行的工具，这些我们每天接触的、使用的"东西"都离不开化学，其背后都隐藏着不同的化学奥秘！探寻和揭示生活中的这些奥秘，不仅是一件十分有趣的事情，而且可以对日常生活有更深层级的理解和更高维度的欣赏。

　　《生活有化学》这套书以孩子们的日常生活为主线，通过讲述各种物品的发明故事，揭示其中的化学原理和奥秘。这套书不仅告诉孩子们"这是什么""它是如何变成现在这样的"，还深入浅出地解答了"为什么"这个深层问题。只有这样，孩子们才能真正理解他们身边的世界，而不仅仅是接受一些表象。

　　这套书不仅语言通俗，插图也十分生动有趣，让孩子们在阅读的过程中，既能学到科学知识，又能享受阅读的乐趣。这套书就像一位智慧的老师、一位和善的朋友，带领孩子们走进化学的世界，让他们感受化学的无穷魅力。

如果你是一位家长，这套书将是你送给孩子的一份宝贵礼物。如果你是一位老师，这套书将成为你必备的教学工具。如果你还是一个孩子，那么这套书将是你的知识宝库。无论你是谁，无论你在哪里，只要你对生活充满好奇，对知识渴望了解，那么《生活有化学》都是你不可或缺的一套好书。

孩子是祖国的未来，科普是培养孩子科学素养的关键。科普可以激发孩子们的好奇心，拓宽他们的视野，为未来孩子的成长和社会进步打下坚实基础。孩子们，让我们一起，通过《生活有化学》这把"钥匙"打开化学的大门，探索这个奇妙的世界吧！

清华大学化学工程系教授

博士生导师

2024 年 5 月

# 推荐序三

我们生活中的许多美好，其实都是化学创造的奇迹！

化学和生活，有着密不可分的联系。甚至，宇宙生命的起源、我们的日常行为，也都与化学反应息息相关。

化学，是自然科学的重要基础学科之一，是一门研究物质性质和结构的科学。它的核心表现，就是物质的生成和消失。

现在呈送于大家面前的《生活有化学》系列书，包括《衣物中的化学》《食物中的化学》《建筑中的化学》《交通中的化学》四册。这套书以独特的视角、新颖的形式和细腻的笔触，彰显了日常生活中无处不在的化学身影，揭示了衣、食、住、行背后的化学原理和奥秘。

在《衣物中的化学》中，孩子们会惊奇地发现，原来日常穿着的衣物背后，竟然隐藏着如此丰富的化学故事；在《食物中的化学》中，美食的诱惑与化学的神奇完美结合，让人不禁感叹大自然的鬼斧神工；《建筑中的化学》则让孩子们认识到，坚固的高楼大厦、美丽的玻璃幕墙，无不依赖于化学的力量；而《交通中的化学》将让大家感悟到，交通工具的演变、能源的更迭，都离

不开化学的推动。

《生活有化学》系列书的主创胡杨博士，毕业于清华大学化学工程系，拥有丰富的专业知识和实践经验。他领衔打造的这套书，如同一把钥匙，打开了孩子们探索化学世界的大门。特别是，书中配合知识点的详细解析，拉近了化学知识与日常生活的距离，让孩子们在掌握科学探究方法的同时，还能更真切地理解以下内容：

——世界上任何物质，哪怕化学成分非常复杂，无非也都是由 118 种化学元素的若干种组成的。如果是天然的物质，则都是由 90 种天然存在的化学元素中的若干种所组成。

——从最简单的层面说，元素周期表呈现了宇宙里所有不同种类的物质，其上 100 多种各具特色的角色（元素）构成了我们能够看见、能够触摸到的一切事物。

——化学结构的特性、化学结构之间的关联度，决定了化合物质为什么会表现出某种化学性质。我们也能够更深刻地认识到，为什么说有三种化学元素对人类文明的演进起到了决定性作用，它们是：支起生命骨架的碳元素，划分历史时代的铁元素，加速科技进步的硅元素。

化学的应用与人类社会的发展密切相连，化学物质可以在很多方面改变和丰富我们的生活，想想诸如石油化工、精细化工、医药化工、日用化学品工业等国家支柱产业的发展。当然，我们同时也应认识到，化学物质如果被误用、滥用，或是不够谨慎小心地使用，也会给我们的生活带来很多不确定性，甚至变得很危险。

用科学的视角看待世界，用化学的力量改变生活。

是为序。

尹传红

科普时报社社长

中国科普作家协会副理事长

2024 年 8 月

推荐序四

很高兴拜读胡杨博士团队精心打造的这套科普作品——《生活有化学》。这套书不仅传递了"化学使人类生活更美好"的理念，还充满了趣味性和积极向上的精神。

在这个信息快速传播的时代，我们每个人都应该具备自我发展的能力、深入思考的素养和灵活运用媒介的本领。这套图书用浅显易懂的语言、生动有趣的手绘插图、简单明了的术语和引人入胜的逻辑，向我们展示了化学世界的魅力，堪称科普读物中的佳作。

生命在于不断探索和成长，不仅是身体的成长，还包括思想意识的主动建构。《生活有化学》系列图书恰好满足了孩子们探索未知的好奇心。书中提出了许多有趣的问题，比如：人类对于光鲜衣服的需求起源于什么？有引发思考的问题：最环保的建筑方式竟然是我们认为不环保的砍树盖房？还有人生哲理的智慧启发：年少时，洞悉万事万物之运行规律；年长时，悟透人间百态之发展逻辑！

培养深度思维能力是人类文明进步与儿童成长互动的一种

形式，无思维不成长。《生活有化学》系列图书围绕问题的提出、科学探索、人类社会实践和化工技术进步展开，充满了创新的研究设想、新奇的研究过程和意想不到的应用成果，极大地提升了读者的研究素养。

　　培养孩子的阅读能力，媒介素养至关重要。这套图书通过迷思议题的导读方式，引导孩子们在认知冲突中带着问题去阅读，有效提升了阅读效率和探究教育的价值。书中将很多晦涩难懂的专业术语通俗化、形象化、拟人化处理，运用了知识可视化脑科学原理，让深奥的科学术语与生活常识融合得毫无违和感。例如，用能源的"产出—使用"基本均衡的完整封闭能量系统来表述"碳中和"，用自由生长的金属锂晶体并不会恢复成原本制造电池时的那种规整的形状来讲"锂枝晶"，让深奥的科学知识变得亲切易懂。

　　我们的基础教育鼓励化学教学从表面的探究走向深层次的思维，《生活有化学》系列图书正是这样一部佳作。它通过丰富的案例和层层递进的逻辑，引领读者从生活的宏观世界走向科学的微观世界，实现了从化学教学到化学教育的转变。

　　感谢胡杨博士团队的倾情奉献！

李建春

北京市第八十中学化学特级教师

2024 年 7 月

 自　序

　　2021 年 9 月，我们团队出版了第一套化学科普书《万物有化学》，这套书让我们团队与孩子们结下了不解之缘。凭借着通俗易懂的语言及生动精彩的插图，这套书迅速在青少年中流行起来，并好评不断。我记得有个小读者跟我说，他和同学们在学校经常一起谈论科学知识，并且各自展示和比拼已经掌握的知识点，而《万物有化学》则成为他们能够看懂和吸收科学知识的非常重要的宝库。

　　化学与我们的生活息息相关，"热爱生活"应该成为我们每一个人具有的情怀与品质，并且只有热爱生活的人才有可能在未来营造出幸福的人生。因此，培养孩子热爱生活的品质就成为我们撰写这套《生活有化学》系列科普书的起点与动力。

　　日常生活里看似平淡的"衣、食、住、行"，实则蕴含着丰富的化学知识：人类对衣物的追求起源于古人利用树叶与兽皮遮体的想法，而现代的各种制衣材料也同样受到这两种天然材质的启发；我们品尝的美味食物带给我们的愉悦不光来自味觉，也来自触觉的感官体验，毕竟"酸、甜、苦、辣、咸"中隐藏着一个非味觉的饮食体验，也就是"辣"；人类利用玻璃、水泥等现代

建筑材料盖起了一座座摩天大楼，但出乎意料的是，最环保的建筑方式之一却依然是我们认为最不环保的砍树盖房；汽车不但可以利用石油中提炼的柴油作为动力来源，还可以"吃掉"人类餐饮行业产生的地沟油来为自身提供动力。这些在日常生活中已经存在的神奇事例，如果我们没有一双科学的"慧眼"是很难发现和理解的，而《生活有化学》这套书就可以帮助我们成就这一双双科学"慧眼"。

作为传播科学的使者，我们只希望孩子们不要只是生活的迷茫经历者，而是成为生活的智者。年少时，洞察万事万物的运行规律；待到年长时，则能悟透人间百态的发展逻辑。

这样的人生才能达到幸福、智慧与通透。

胡　杨

2024 年 4 月 8 日

目　录

3 超越"穿戴"的尼龙

6 宇航员的生命堡垒

1

"树叶"和"兽皮"的
另类穿法

人们对于穿衣的需求从来都不只是为了保暖，装饰也是衣物的核心作用。不过衣服的发展却是从"树叶"和"兽皮"开始的。

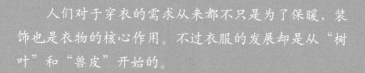

俗话说"衣、食、住、行"，穿衣是人类生存的最基本需求之一。

人类的演化伴随着身体形态的巨大变化，例如，人体毛发逐渐褪去，使人类调节体温的能力迅速下降。因此，人们不得不寻找一些自然材料来制作服装以给身体保暖。

"树叶"是衣服的起源

要实现对身体的保暖，对制衣材料最基本的要求就是要具有遮蔽性。因此，人类找到了最常见的自然材料——植物的叶片。

植物的叶片是天然的遮蔽物，只要对叶片进行简单的编织就可以制作出实用的衣物，比如草裙。大家都明白，这种简陋的原始服装根本不能满足人类的全部需求，但是服装这种伟大的人类发明确实是从不起眼的树叶开始的，并且人类对服装的不

植物的叶片在自然界很常见，既保暖，又具有遮蔽性，是我们原始人喜爱的制衣材料呢！

断改进，很大程度上也没有离开植物纤维这类最基本的天然制衣原料。

虽然植物叶片已经具备了遮挡功能，但是叶片大小和形状都是固定的，人们很难将衣物做到合身合体。这个时候，人们就开始思考，如果可以借鉴树叶编织箩筐的方法，将植物纤维编织成布料，再裁剪成贴身合体的衣服，那该有多好啊！

于是，人们首先找到了麻。

沤肥的技术也可以造衣服

　　麻是一种草本植物，它种类繁多且分布广泛。在大约1万年前的古埃及，人们便开始种植亚麻，在我国约6500年前的河姆渡文明中也发现了人们种植苎麻的证据。苎麻的种植起源于中国，所以苎麻也被称作"中国草"。

埃及

小麻

古埃及人在距今约1万年前就开始在尼罗河旁肥沃的土地上种植亚麻了。

中国的河姆渡文明约在6500年前也开始种植苎麻了！

麻纤维

河姆渡文明

亚麻籽可食用

亚麻籽可榨油

亚麻根可入药

亚麻叶可做饲料

快看，我们麻类植物浑身都是宝，怪不得从古至今人们都很喜欢我们呢！

　　麻，其实是一类古老的**全能型农作物**：麻籽比绿豆稍小，可以食用，在古代曾是重要的**粮食作物**；麻的根部具有药用价值；麻的叶片可用作饲料喂养牲畜。由于麻籽油脂含量高，人们就逐渐用麻籽来榨油，现代人们非常推崇的一种健康食用油——**亚麻籽油**就是从**亚麻籽**中提取的。

　　在种植麻类作物的过程中，人们惊奇地发现，这种植物看似无用的**茎秆**居然质地非常柔韧，与普通树皮那种硬而脆的质地截然不同。如果将这种材料用于编织，不就可以制作出穿着舒适、贴身合体的衣服了吗？于是，人类历史上第一种广泛用于制衣的天然纤维材料——**麻纤维**诞生了。

　　麻纤维主要从麻类植物茎秆的韧皮部分获得。这里可能有人就会好奇地问了：为什么麻类植物茎秆的韧皮就可以用来制衣，而普通的树皮或者其他植物茎秆的皮就不行呢？

　　这是个好问题。事实上麻类植物确实有一点特殊。首先我们要明确，麻纤维的主要成分是纤维素，一种类似于淀粉的天然多糖高分子材料，它也是赋予麻纤维优异性能的关键成分。但是，纯净的纤维素呈白色粉末状，所以麻纤维并不是由纯纤维素直接构成，而是由细长的纤维细胞组成，纤维素则分布在纤维细胞的细胞壁上，从而赋予了纤维细胞优良的强度和韧性。

　　事实上，纤维素不仅在麻纤维中广泛分布，它也存在于各类植物的茎秆和叶片中。食草动物之所以大多食用草本植物的茎叶，主要目的也是为了摄取纤维素，从而给自身提供能量。

但与麻纤维不同的是，普通树皮细胞的细胞壁以及很多木本植物的茎秆纤维细胞的细胞壁不仅含有纤维素，同时还存在一定量的木质素，这种现象被称为"细胞壁木质化"。木质化的纤维细胞壁变得硬而脆，从而失去了韧性。同时，植物细胞壁还会出现木栓化、角质化、矿质化等其他类型的性质变化，这些变化都会影响纤维细胞的柔韧性，也就使大多数植物纤维失去了作为制衣纤维材料的资格。而麻纤维的细胞壁则基本不含木质素，也没有发生其他类型的性质变化，因此成了不可多得的优质制衣材料。

纤维素广泛分布于各类植物的茎秆和叶片中。小羊吃草，摄取的就是其中的纤维素。

青草真好吃！

普通树皮

为什么麻类植物茎秆的韧皮可以用来制衣，而我们普通的树皮就不行呢？

这是因为分布于麻纤维细胞壁上的纤维素赋予了纤维细胞优良的强度和韧性，普通树皮则与此不同。

麻类植物茎秆部的韧皮

麻类植物纤维细胞的细胞壁含有较多纤维素

从上面的讲述中我们已经知道，纤维素是麻纤维优异性能的来源，但是麻纤维中的纤维素含量仅有 60% 左右，其余的组成部分是果胶、蜡质等胶质，这些胶质会影响纤维的纺纱和编织，因此在制作服装前必须去除。

勤劳聪慧的中国古代劳动人民早已掌握了麻纤维脱胶的方法，在《诗经》中就有记载："东门之池，可以沤麻"。"沤麻"就

是中国古代劳动人民总结的麻纤维脱胶的方法。

　　本质上沤麻的道理非常简单，就是让麻纤维发酵腐败，利用细菌将纤维中的胶质分解，从而实现脱胶的目的。这个过程其实和我国农村百姓家中利用人畜粪便、厨余垃圾、腐烂植物沤制农家肥的过程类似。

　　麻纤维帮助人类第一次通过纤维编织的方法得到了合身的衣物，开启了人类文明社会的大幕，因此，麻也被称为"国纺源头，万年衣祖"。但是，古代社会的麻布纤维较粗，做出的衣服

麻质服装

不够精致。随着丝绸的出现，麻布衣物逐渐成了平民百姓才会穿的衣服，也渐渐衍生出了中国古代对平民百姓的一个称谓——"布衣"。

本想传播种子，没想到却改变了世界

　　既然纤维素在制衣纤维中如此重要，而麻纤维的纤维素含量也只有 60% 左右，那么自然界中有没有哪种天然纤维的纤维素含量更高，更适合作为制衣材料呢？

　　当然有，这就是棉花。

纤维素

棉花

中国人从古至今喜爱棉布服装。现在，中国已经成为世界最大的棉花生产国之一。

各种款式的棉布服装

棉花纤维被誉为"纯净的天然纤维"，其纤维素含量高达90%以上。这种优质的天然植物纤维让人们找到了进一步改进服装的可能性。大约在5000年前，古印度人就首先发现了棉花这种植物，并开始尝试利用棉花纤维来制作衣物。虽然棉花传入我国较早，但直到13世纪的元代，随着我国重新进入大一统王朝，棉花的种植才在我国大面积普及和发展。而现在，中国已经成为世界最大的棉花生产国之一，产自我国新疆地区的长绒棉更是棉花中的精品。

其实棉花并不是花朵。棉花是长在棉属植物种子上的绒毛，这些绒毛可以帮助种子在有风的条件下随风"飞行"，从而实现棉属植物种子的传播。就像我们熟悉的蒲公英种子上也带有白色绒毛一样，棉花的这种"绒毛"只是更加茂密而已。

　　由于棉纤维相较于麻纤维更为细腻，制成的衣服也就会更加柔软舒适。细腻的棉纤维会在布料内部形成错综排列的紧密纤维网络，网络中充满了静止的空气。由于纤维网络较为致密，使空气流动减缓，进而赋予了棉质衣服优良的保温性能。俗话说"冬穿棉，夏穿麻"，中国古人的这种穿衣习惯很大程度上就是因为棉纤维和麻纤维的粗细差异，使得制成的衣服具有不同的保温透气效果。

　　谁也没有想到，棉花这个本来只是帮助植物种子随风起舞的附属结构，竟然改变了人类社会的发展进程。由于制衣用的棉布是人类生活的必需品，随着第一次工业革命的到来，西方国家通过发明蒸汽机、轧棉机（用于棉花脱籽）、纺纱机和织布机，将

现代化的纺织工厂

棉布的生产成本降到极限，使棉布成了人类最早可以大规模生产的工业产品。

实际上，看似普普通通的棉花还有许多不为人知的应用：在棉花脱籽之后，棉籽表面依然会附着一层纤维较短的绒毛状棉花，被称为"棉短绒"。大家可不要觉得它们看起来细细小小的，很不起眼，棉短绒可是制造炸药（硝化棉）的核心原材料哦！

"非主流"的制衣植物纤维

除了常见的棉和麻，一些其他"小众"的植物纤维也可以用来制衣，例如香蕉纤维。香蕉纤维主要来自香蕉茎秆，

大豆与大豆纤维衣服

其主要成分也是纤维素，经过生物和化学脱胶处理后，这些香蕉纤维便可用于纺织。由于印度是香蕉生产大国，为了更充分地利用香蕉资源，印度对于香蕉纤维的产业化进行了大量研究。

由中国独立发明的第一个实现产业化的植物纤维则是大豆纤维。虽然大豆纤维也是植物纤维，但是我们提取的大豆纤维的主要成分不再是纤维素，而是另一种重要的天然高分子服装材料——蛋白质。可惜的是，中国本身就是一个大豆进口国，在大豆作为食品消费都无法满足本国需求的情况下，就更不用说额外拿去做衣服了，因此大豆纤维的市场推广并不成功。

体毛退化了就借动物的用

　　人类的毛发随着进化逐渐退化了，为了弥补这个"损失"，人类能想到的最简单的方法就是"借用"。由此，原始人类找到了与树叶同等重要的第二类天然制衣原料——兽皮。兽皮的主要成分与大豆类似，同样是蛋白质。

由纤维素组成的天然纤维家族

由蛋白质组成的天然纤维家族

随着社会的发展，两种被人类发现的最重要的天然制衣成分——纤维素和蛋白质逐渐完成了各自使用时呈现模式的演化，纤维素从树叶演化成了麻、棉，而蛋白质则从兽皮演化成了羊毛和丝绸。

人类对羊毛的钟爱很容易理解，绵羊满身厚实的羊毛本身就给人以松软温暖的感觉。一只成年绵羊一年能产 4～5 千克的羊毛，再加上绵羊肉也是香嫩可口，使得饲养绵羊不但可以得到制作衣物的高档原料，还可以给人类提供足够的肉食。羊毛只要进行简单的除杂，将羊毛中的油脂去除，就可以用于纺线制衣了。虽然羊毛服装透气柔软、保暖轻便，但是羊毛服装有一个"娇贵"的缺陷——缩水。

有生活经验的小朋友一定知道，羊毛衫是不能放进洗衣机中洗涤的，否则晾干后的羊毛衫就会明显缩小以至于无法再穿。羊毛制品这个"讨厌"的性质与羊毛纤维的化学结构密切相关。

与植物纤维类似，羊毛并非由纯蛋白质分子直接构成，而是由许多富含蛋白质的细胞按照一定规则排列形成的多层结构，最外层是类似于鱼鳞的鳞片层。我们都知道，如果我们顺着抚摸鱼鳞会感觉非常顺滑，而如果逆向抚摸鱼鳞，鱼鳞就像一个个倒钩一样产生非常大的阻力。羊毛也是一样，羊毛纤维之间同样存在表面鳞片所提供的逆向阻力，从而避免了纤维之间的相互滑移，进而保持了羊毛衣物外形的相对固定。但如果羊毛衣物放入洗衣机洗涤，洗衣液中的大量表面活性剂首先会对羊毛纤维起到润滑作用，然后在洗衣机的强力搅拌下羊毛纤维就很容易产生相对滑移。由于逆鳞片的方向滑移阻力较大，因此纤维只能向顺鳞片的方向进行不可逆的单方向滑移。滑移的结果就是羊毛衫外形的急剧缩小，并且这种缩小是无法逆转的。

从显微镜下看，羊毛表面覆盖着一层鳞片。

鳞片

羊毛的鳞片就像鱼鳞，有"顺"和"逆"。

逆着鱼鳞摸可真扎手！

逆鳞可真不好摸啊。

顺着鱼鳞摸滑溜溜～

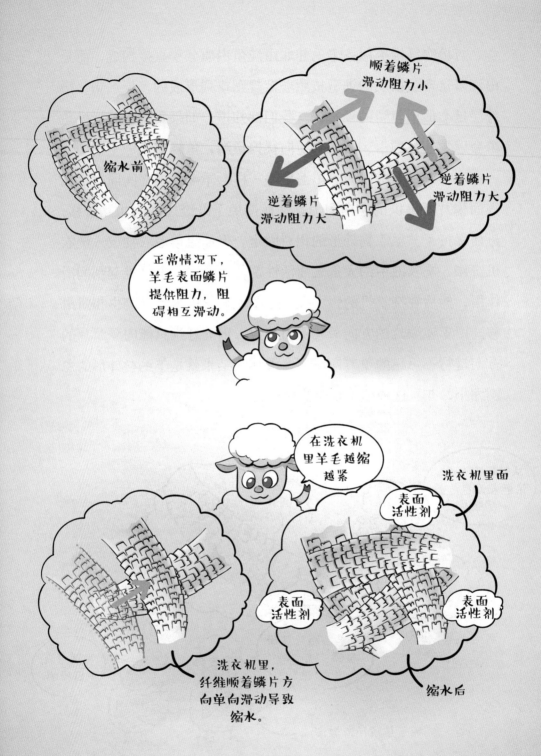

从上面的解释中我们就会发现，羊毛衫的缩水和水的关系并不大，缩水的主要原因是羊毛纤维受到了强烈的机械搅拌或摩擦而导致纤维相对滑移，在水中浸泡过的羊毛纤维更容易发生滑移而已。但如果只是浸泡了冷水而没有进一步的机械搅拌或揉搓，羊毛是不会发生明显缩水现象的。

这里大家可能又要"开脑洞"了：人们也会时不时地给那些人工饲养的绵羊洗洗澡，如果在羊的身上打上肥皂，再揉搓几下，待冲洗干净后，羊身上的羊毛会发生缩水而变成"紧身衣"吗？答案依然是不会的。我们穿的羊毛衫是使用羊毛纺织而成的，所以羊毛之间的摩擦阻力对于羊毛衫的外形维持非常重要；

而羊身上的羊毛是一根一根单独存在的，并没有进行相互编织，所以羊毛缩水的前提条件就根本不存在啦！

其实，兔毛、骆驼绒、牦牛毛、羊驼毛等动物毛发也都可以用来纺织制作衣物。稍有遗憾的是，我们人类的头发却因为直径太粗且硬度太高而不适于纺织。

蛋白质纤维的"升级"应用

　　动物毛发纤维和棉麻纤维都是具有细胞结构的天然纤维，那自然界中是否存在不含细胞结构，而是由纤维素或蛋白质这两种材料直接形成的天然纤维呢？当然也是有的。例如，5000多年前新石器时代的仰韶文化遗址中出土的人类历史上最早的丝绸制品，就是不含细胞结构的天然蛋白质纤维——蚕丝制成的。这也说明中国先民很早就开始用蚕丝制衣了。

丝绸

大家好！我是美丽顺滑的蚕丝，是一种天然的蛋白质纤维。漂亮的丝绸就是由我做成的呢！

蚕丝是蚕幼虫口器中分泌的黏稠状蛋白质胶丝，经过凝固干燥后形成的蛋白质纤维，其蛋白质含量超过了97%。其实，吐丝这件事并不是蚕的专利，很多蝶类昆虫、蛾类昆虫还有蜘蛛都会吐丝，只是经过长期的人工选择和改造，蚕丝已经非常符合人类的制衣要求。其实，现在利用蜘蛛丝来制作防弹衣也是一项非常热门的材料研究方向。

丝绸最初是古代中国贵族才使用得起的高档纺织品，也曾经是中国最畅销的外贸商品，以至于中国古代通往中亚、西亚直到欧洲的通商陆路都被命名为"丝绸之路"。中国古代对养蚕技术和丝绸织造技术是严格保密的，这使得中国在丝绸的生产上实现了1000年左右的垄断。后来，朝鲜、日本、印度、中东和欧洲陆续学会并发展了丝绸制造技术，丝绸制品因此风靡全球。

中国人通常会用"绫罗绸缎"这个成语来代指丝绸制品，其实"绫""罗""绸""缎"四个字都是丝绸的称谓，它们只是由不同的编织方法而得到的四个不同的丝绸品种而已。

丝绸既承载了古老华夏的辉煌文明，同时又开启了近代人类的新的智慧。其实，蚕吐丝的过程从客观上给工业革命后人造纤维和合成纤维的生产技术研发提供了重要灵感。

"绫""罗""绸""缎"织法
参考文献:《中国丝绸艺术史》，赵丰，文物出版社，2005.

思考一下

1. 为什么普通植物的茎秆不适合做衣物？

2. 棉花中的精品是产自于哪里的棉花？

3. 羊毛衫在什么条件下容易缩水？

2

"人人有衣穿"
不再是梦想

当天然纤维有限的产量已经无法满足人类的需求时，合成纤维便登上了历史舞台。

无论是棉、麻、羊毛还是丝绸，天然纤维的生产不但会占用大量的资源，而且效率低下。例如，种植棉和麻需要大量的耕地，饲养绵羊也需要牧场或者羊圈，棉花一年只能收获一季，绵羊一年顶多剪两次羊毛，600个蚕茧只能产出区区0.5千克的丝绸。生产效率低下意味着供不应求，随着20世纪初全球人口数量开始呈现爆炸式的攀升，天然纤维有限的产量已经无法满足人类的需求。

蚕

蚕茧

桑叶

600个蚕茧=0.5
千克丝绸

我的天啊！600个蚕茧才能产出0.5千克丝绸，怪不得丝绸珍贵呢！

随着石油工业的发展，人们在面对无法制造出足够衣服的窘境时，想到了利用化学的方法来人工合成纤维。想要成功实现纤维的人工合成，需要解决两个现实问题：第一个是合成适宜制造纤维的原材料，第二个是找到制造纤维的工艺方法。

由人工合成纤维制成的衣物

由于天然纤维的产量有限，人们开始尝试用化学方法制造人工合成纤维，进而用它们替代天然纤维制作衣服。

来自"蚕吐丝"的灵感

实际上，两个现实问题比起来，第二个问题，即找到制造纤维的工艺方法要相对简单一些，因为"蚕吐丝"的过程给人们提供了巨大灵感。

我们在前文已经详细介绍过，蚕丝是蚕幼虫口器中分泌出的黏稠状蛋白质胶丝经过凝固干燥而形成的蛋白质纤维。也就是说，刚从蚕口中吐出的实际上是溶解有蚕丝蛋白的黏稠状液体，当这种液体以丝状形式吐出后，水分便快速挥发，最后剩下的就是固态的蚕丝了。借着这个思路，人们开始尝试人工造丝。

蛋白质纤维

细心观察蚕吐丝的过程后，人们发现蚕丝是蚕口器中分泌的蛋白质纤维。

你好，我是人造丝！蚕吐丝的过程激发了人们制造人造丝的灵感！

人造丝

蚕用口器吐丝

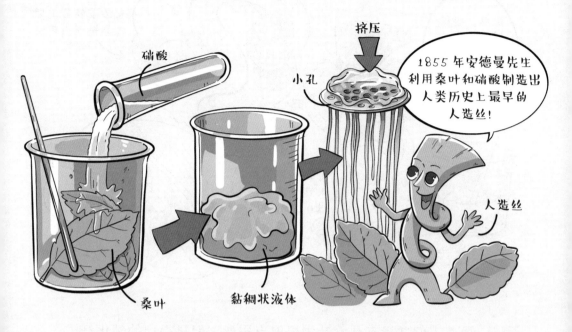

　　起初，人们认为既然蚕吃了桑叶就能吐丝，说明桑叶中一定含有一种可以形成纤维的物质，只要将这种物质用某种溶剂溶解，便可以制作成用于人工造丝的黏稠状液体。1855 年，瑞士人安德曼发现了硝酸居然可以溶解桑叶并形成期望中的黏稠状液体，他将这种液体通过小孔挤压后真的形成了一根根长长的丝线，这就是人类历史上最早的人造丝！

　　然而，安德曼得到的人造丝真的和蚕丝一样吗？我们简单分析一下：硝酸溶解桑叶其实是硝酸溶解了桑叶中的纤维素，在溶解过程中硝酸与纤维素同时发生了化学反应，生成了硝化纤维素。所以安德曼得到的人造丝其实是硝化纤维素丝（也称"硝化纤维"）。我们知道蚕丝的主要成分是蛋白质，因此安德曼得到的人造丝并不是蚕丝。

所以，安德曼先生得到的人造丝的成分和天然蚕丝不同！

天然蚕丝的主要成分是蛋白质！

安德曼制造的人造丝成分是硝化纤维素！

　　虽然人们并没有从桑叶中提取出蚕丝，但是得到的硝化纤维素丝也可以用来纺织制衣。1889 年，法国化学家夏尔多内进一步改进了硝化纤维素丝的生产工艺。他首先将硝化纤维素溶解于酒精和乙醚形成黏液，然后将黏液从孔径只有一毫米的玻璃毛细管中加压挤进冷水中，由于硝化纤维素不溶于水，因此溶解状态的硝化纤维素就会析出成为固态丝，这样就实现了硝化纤维素丝的工业化生产，人们也将其命名为"夏尔多内纤维"。柔软鲜亮的夏尔多内纤维一经推出，便迅速在法国贵族圈中流行起来。但是人们在高兴之余却忽略了一个重要事实：硝化纤维素原本是制作无烟火药的原料，十分易燃易爆。在一次宴会上，一位穿着夏尔多内纤维面料的贵族女士，她的衣服被别人吸烟的火星点燃，进而整个人被熊熊大火吞噬，自那以后，硝化纤维素丝就再也不被用作制衣材料了。

041

人工合成的也必须是高分子

　　无论是夏尔多内纤维，还是后来在此基础上改进的铜氨纤维、粘胶纤维和醋酸纤维，它们的原料都源自天然纤维素，例如棉花、木材甚至甘蔗渣。也就是说，人们在掌握了纤维的制造工艺技术后，已经可以实现将天然纤维原料的边角料重新利用，人

啊哈，我想到了！离开天然纤维材料也没关系，人们只要学会合成高分子化合物，也可以制造人造纤维！

高分子化合物

工制造成制衣纤维，从而提升了天然原料的利用率。但是前面提到的第一个现实问题却始终没有解决，也就是离开了天然纤维原料，人们依然无法制造出纤维。因此，人们的目光开始看向一个更基本的问题：如何人工合成适宜制造纤维的原材料。

我们已经知道，两类最重要的天然纤维的组成成分分别为纤维素和蛋白质，它们具有一个共同特点——都是天然高分子化合物。高分子化合物具有小分子化合物所不具备的强度和韧性，适合制成纤维。因此，想要人工合成纤维原料，就必须学会人工合成高分子化合物。

人类系统认知高分子化合物和学会合成高分子化合物已经是20世纪的事情了。1922年，德国著名化学家施陶丁格首次提出了大分子的概念，这标志着高分子科学的诞生。施陶丁格认为，高分子化合物是长链大分子，这种长链大分子是由具有相同化学

施陶丁格先生首次提出了大分子的概念

1953年诺贝尔化学奖得主施陶丁格先生

结构的单体经过聚合反应而相互连接在一起形成的。1932年，施陶丁格总结了自己的大分子理论，并出版了高分子科学的划时代巨著《高分子有机化合物》，这也成了高分子科学后来快速发展的奠基之作。为了表彰施陶丁格在建立高分子科学上的伟大贡献，1953年他被授予了诺贝尔化学奖。

既然人们已经具有了对高分子化合物的基本认知，也掌握了高分子材料的聚合手段，那么寻找和确定合适的高分子化合物就成为人工合成纤维的最后一道难题。

遗憾地错过

    在筛选合成纤维原材料的初期，人们曾经尝试过将新发明出的聚氯乙烯和聚丙烯这两种高分子材料进行纺丝，但是都失败了。聚氯乙烯本身化学性质不稳定，易分解；聚丙烯做成的纤维虽然化学性质稳定且强度高、弹性好，但是聚丙烯完全不亲水，做成的纤维穿着舒适度很差（后来聚丙烯纤维被大量用于制造渔网和缆绳）。所以聚氯乙烯和聚丙烯虽然可以制成纤维，但是这两种纤维都没有在服装领域进行工业化生产。有了以上经验，人们明白了适合作为制衣纤维的高分子材料必须化学性质稳定、强

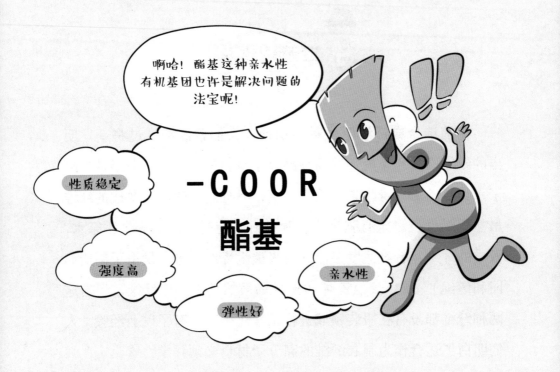

度高、弹性好，而且具有一定的亲水性，从而保证穿着起来较为舒适。因此，人们将目光锁定在了一种亲水性较高的极性有机基团——酯基的身上。

1930 年，美国杜邦公司的工程师卡罗瑟斯尝试用乙二醇（醇类单体）和癸二酸（酸类单体）两种单体进行酯化缩聚反应，得到了一种以酯基作为单体之间连接基团的高分子材料——聚酯。卡罗瑟斯将聚酯材料熔融（高温下形成的黏稠状液体）后进行纺丝，很顺利地就得到了一种我们耳熟能详的合成纤维——聚酯纤维，也被称为"涤纶"。但是，卡罗瑟斯发现他发明的这种聚酯纤维非常容易水解，耐热性也较差，整体化学性质不够稳定。

这个技术挑战存在两种解决方法：第一种是通过单体化学结构的改进，找到结构更加优化的单体来替换乙二醇或癸二酸，使酯化缩聚后的聚酯材料具有更好的化学稳定性；第二种方法是寻找比酯基更加稳定的亲水基团来作为单体之间的连接基团，从而得到化学稳定性更高的高分子材料。卡罗瑟斯选择了后者，他将醇类单体改为胺类单体，从而让胺类单体与酸类单体进行酰胺化缩聚反应，得到另一种高分子材料——聚酰胺。后来这种高分子材料成了人类历史上第一个实现工业化生产的合成纤维——尼龙（也称为"锦纶"，下一章会详细介绍）。

方案一

通过对单体化学结构的改进，使酯化聚合后的聚酯材料具有更好的化学稳定性。

卡罗瑟斯先生

方案二

寻找比酯基更加稳定的亲水基团，从而得到化学稳定性更高的高分子材料。

我最终选择了方案二。

探索新基团

人造丝

历史总是这么奇妙莫测！聚酯纤维早于尼龙被发明，却没有成为第一个被产业化的人造纤维。

没关系，历史不会错过任何一种好材料的！现如今聚酯纤维已经是世界上产量最大的纤维材料啦！

聚酯纤维

　　历史在这里给我们开了一个小小的玩笑，虽然聚酯纤维早于尼龙被卡罗瑟斯发明出来，但是由于技术路径选择的不同，聚酯纤维很遗憾地并没有成为第一个被产业化的纤维材料。但是这并不妨碍聚酯纤维后来居上，如今它已经成为世界上产量最大的合成纤维材料（产量占比超过60%），是合成纤维界绝对的龙头老大。

"人人有衣穿"不再是梦想

　　虽然卡罗瑟斯没有选择将聚酯纤维的化学结构进行进一步优化，但是他的助手却没有放弃聚酯这种可能的合成纤维原料。1941 年，英国人温菲尔德（卡罗瑟斯的助手）尝试用对苯二甲酸替换癸二酸，也就是在酸类单体的分子结构中引入一个苯环。苯环的引入首先有效提升了聚酯纤维的耐热性，使熔融纺丝过程更

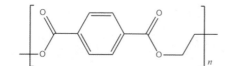

聚对苯二甲酸乙二醇酯（PET）

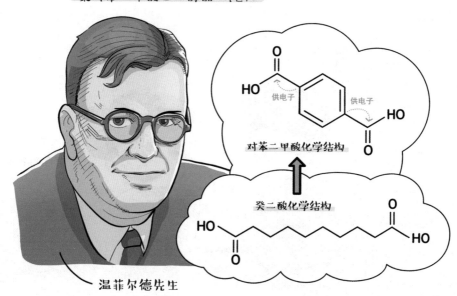

温菲尔德先生

加顺利。更重要的是，苯环内部存在多电子形成的共轭结构，这种共轭结构对酯基具有强大的供电子能力，从而有效提升了酯基的化学稳定性。因此，人类历史上第一种真正具有实用价值的聚酯纤维材料——聚对苯二甲酸乙二醇酯（PET）诞生了。

虽然聚酯纤维的分子结构中已经存在了亲水性的酯基，但是它的亲水性相比棉纤维来说依旧较差，不过这种"缺陷"倒是赋予了聚酯纤维衣服另一个很重要的优点——易干。热爱运动的人在运动时是不喜欢穿纯棉衣服的，一方面是因为纯棉衣服弹性较差，不利于动作的施展；更关键的是，运动时产生的大量汗液会被纯棉衣服全部吸收，就像是穿了一件刚洗好还没晾干的湿衣服一样难受。如果穿着聚酯纤维的衣服运动，汗液会从身上直接淌下并不会附着在衣服上，即使衣服被汗水浸透了也可以很快变干，市面上非常流行的"速干运动衣"大多使用的就是聚酯纤维面料。

合成纤维产业一经诞生就飞速发展，人们陆续发明了锦纶、涤纶、腈纶（聚丙烯腈纤维，俗称"人造羊毛"）、维纶（聚乙烯醇缩醛纤维，俗称"合成棉花"）、氨纶（聚氨酯纤维）等多种纤维，并且还可以通过多种纤维混纺的方式制备出具有不同特点的纤维面料。2021 年，仅中国的合成纤维产量就超过了 6000 万吨，冠绝全球。人们从未有过像现在这样完全实现穿衣自由，衣服也从过去重要的个人资产变成一种日常消耗品，曾经穷苦人家轮换着穿一条裤子的窘境再也不会发生了。

拓展阅读

废旧饮料瓶才有资格做"大品牌"

经过上面的讲述，我们已经知道聚酯材料拉成丝就是涤纶纤维。而如果把聚酯材料吹成瓶子，就是我们生活中常见的饮料瓶了。人类每年生产的饮料瓶超过 5000 亿个。使用过的饮料瓶无法自然降解，因此，如何循环利用饮料瓶就成了一个社会问题。

人们想到一个好办法：既然制造涤纶纤维和饮料瓶的材料都是聚酯，那么只要将废旧饮料瓶重新熔融拉丝，就可以得到制衣用的涤纶，也就实现了废旧饮料瓶的循环利用了嘛！随着环保理念的逐渐推广，越来越多的国际服装品牌倾向于选择废旧塑料瓶制成的再生聚酯纤维作为制衣原料，以至于出现了再生纤维的价格逐渐高出原生纤维价格的现象。数年之后，可能只有再生聚酯纤维才有资格做成国际大品牌的服装了哦！

思考一下

1. "蚕吐丝"的过程给人们提供了什么灵感？

2. 高分子科学的奠基人是谁？

3. 目前制作衣物的聚酯纤维材料指的是什么材料？

3

超越"穿戴"的尼龙

　　丝绸、尼龙、芳纶本身都属于聚酰胺类高分子材料，那么尼龙替代丝绸作为制作丝袜的材料也就顺理成章了。

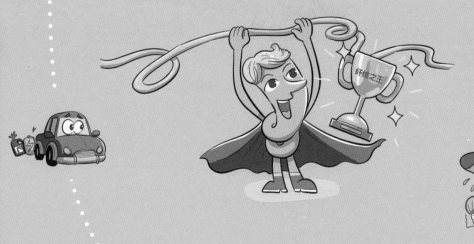

在上一章中我们已经讲到，1930 年美国杜邦公司的工程师卡罗瑟斯合成出了聚酯纤维，但由于其性能不够理想，因此他改变了研发策略。1935 年，卡罗瑟斯将聚酯纤维聚合时用的醇类单体改为胺类单体，利用己二胺和己二酸进行酰胺化缩聚反应，最终得到一种新的高分子材料——聚酰胺。随后在 1939 年，杜邦公司实现了聚酰胺纤维的工业化生产，并为这种材料取名为尼龙（Nylon）。尼龙成了人类历史上第一个实现产业化的合成纤维。

己二酸　　　　　己二胺

缩聚

尼龙

卡罗瑟斯先生

1935 年，卡罗瑟斯先生利用己二胺和己二酸进行酰胺化缩聚反应，最终制得了尼龙！

尼龙

看似巧合，实则必然

　　尼龙席卷全球的势头势不可挡，令人意外的是，尼龙开始大规模应用竟是用于制造女性丝袜。

　　大家可能不知道的是，丝袜在发明之初其实是欧洲男性贵族穿着的时尚品。那时的丝袜都由丝绸和羊毛制成，不但价格昂贵，而且很容易破损。随着时代的发展，丝袜渐渐被女性所喜爱，尤其是英国女王伊丽莎白一世，她一生都钟爱丝袜。到了

第二次世界大战期间，美国生产丝袜的原料主要是来自日本的丝绸，但由于战争原因，日本丝绸进口受阻，人们急需一种材料来替代丝绸来制作丝袜。

杜邦公司在发明尼龙纤维后，首先是将其应用于牙刷刷毛，但市场的反馈不温不火。1939年，杜邦公司在纽约世界博览会上首次展出了女士尼龙丝袜。这种丝袜"像蛛丝一样细腻，像钢丝一样坚韧"，既有绝佳的弹性，耐磨性又是羊毛的20倍，因此获得了广大女性的青睐。在随后的1940年，巅峰时期的杜邦公司一天就可以销售400万双尼龙丝袜。尼龙丝袜瞬间风靡全球，取得了巨大的成功。

虽然人们发明尼龙的目的并不是为了制作丝袜，但是尼龙在丝袜上取得成功却并不是简单的巧合，而是有着深刻的科学原因。我们已经知道丝绸的主要成分是蛋白质，蛋白质作为一种天然高分子材料，是由氨基酸相互连接而成的，而连接氨基酸的化学键被称为"肽键"。肽键实际上是酰胺键的一种，如果大家仔细观察一下肽键的化学结构就会发现，蛋白质其实就是天然形成的聚酰胺类高分子化合物，这也就不难理解为什么尼龙代替丝绸来制作丝袜会如此的顺利，因为它们本就属于同一类物质。再加上尼龙具有比丝绸更高的强度与更低的价格，从而让那些本身买不起丝绸丝袜的女性拥有了穿上丝袜的机会。因此，尼龙丝袜想不"火"都不可能。

多肽

尼龙 66

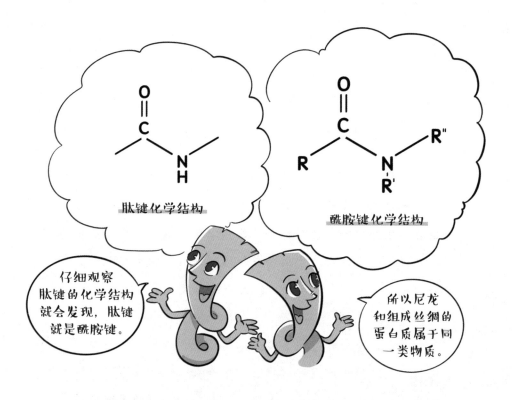

肽键化学结构

酰胺键化学结构

仔细观察肽键的化学结构就会发现，肽键就是酰胺键。

所以尼龙和组成丝绸的蛋白质属于同一类物质。

　　随着"二战"的进行，尼龙逐渐转向了军用领域，也使尼龙丝袜一度停产，但是穿着丝袜的流行趋势已经形成。在尼龙丝袜短缺时期，美国社会甚至出现了给女性腿上画丝袜的服务，足以见得尼龙丝袜在当时女性生活中的重要地位。

尼龙丝袜为什么穿着不透气？

经常穿尼龙丝袜的女性肯定会有这样的感受：丝袜穿起来不透气，皮肤感觉非常捂闷。其实不光是尼龙纤维透气性差，大部分合成纤维织物（包括涤纶、氨纶、腈纶等）的透气性都很差，以至于用合成纤维制作的衣物穿起来都会有强烈的"闷热感"。那么，合成纤维与天然纤维相比，到底"差"在哪里了？

首先，合成纤维的亲水性远低于天然纤维。上一章中我们讲到，涤纶之所以可以制作"速干衣"就是因为聚酯纤维的高分子链亲水性较差。其实，所有合成纤维的亲水性都不

好，涤纶和尼龙虽然具有亲水的酯基和酰胺基，但是这两种基团在整个高分子链中所占的比例很低，高分子链的主体仍旧是疏水的碳链。而天然纤维的高分子链（纤维素链或蛋白质链）中羟基、酰胺基等亲水基团的比例远远高于合成纤维，因此，水蒸气通过天然纤维之间的孔隙时所遇到的阻力也必定远远小于通过合成纤维之间孔隙时所遇到的阻力。这一点造成的结果就是，穿着合成纤维衣物时，水蒸气无法及时排出，导致衣物内部湿度过高，从而产生捂闷的感觉。

其次，纤维的物理形貌决定了织物的透气性。纤维物理形貌的一个重要体现形式就是横截面形态，而横截面形态则决定了织物的疏密程度，也就是孔隙率。事实上，天然纤维的横截面形态通常十分不规则。例如，棉纤维的横截面为

不规则腰圆形，麻纤维为不规则的腰圆形或多角形，蚕丝纤维则为不规则三角形。因此，它们织出的布料较为疏松，也就是孔隙率较高，那么布料的透气性自然也就会很好。而合成纤维则相反，合成纤维截面通常为规则的圆形，因此合成纤维织物较为致密，孔隙率较低，透气性自然也就不好。

其实还有一个纤维物理形貌的细节至关重要：合成纤维大多为实心纤维，而棉纤维、麻纤维、羊毛纤维等天然纤维则都具有细胞结构，使纤维内部存在大量细胞空腔，这种中空纤维结构也会进一步增强纤维的透气性。

一个"6"还是两个"6"？

卡罗瑟斯发明的尼龙是通过己二胺和己二酸两种单体相互聚合而成的，由于己二胺和己二酸都含有 6 个碳原子，因此人们就把这种尼龙称为"尼龙 66"（第一个数字代表二胺中的碳原子数，第二个数字代表二酸中的碳原子数）。同样道理，我们就可以推断出另一种尼龙纤维——尼龙 610 就是通过己二胺（含 6 个碳原子）和癸二酸（含 10 个碳原子）聚合而成的。那么请问小朋友们，尼龙 1010 又是通过哪两个单体合成的呢？

己二胺

$C_6H_{16}N_2$

$H_2H-C-C-C-C-C-C-N_2H$

6 个碳原子

己二酸

$C_6H_{10}O_4$

$HO-C-C-C-C-C-C-OH$

6 个碳原子

尼龙 66

6 个碳原子   6 个碳原子

不过，我们还可以在市面上看到另一类只含有一个数字的尼龙牌号，例如尼龙6。这种尼龙又是怎么回事呢？虽然尼龙6和尼龙66的名字非常接近，分子结构也很像，但是它们的聚合方式却完全不同，尼龙6的出现提供了聚酰胺高分子材料制备的另一种模式。

　　故事还要回到"尼龙之父"卡罗瑟斯，他在改进尼龙66制备工艺的时候很自然地想到了一个方案：为什么一定要用己二胺和己二酸两种单体进行反应呢？如果让己二胺和己二酸两种分子"合并"一下，让一个单体分子中既含有"胺"又含有"酸"，这样不就可以只使用一种单体进行聚合，但同样可以得到尼龙了吗？卡罗瑟斯构想的这种"合并"单体就是6-氨基己酸。

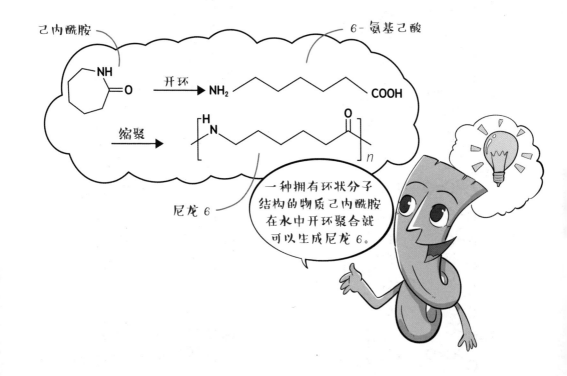

己内酰胺

6-氨基己酸

开环

缩聚

尼龙 6

一种拥有环状分子结构的物质己内酰胺在水中开环聚合就可以生成尼龙 6。

6-氨基己酸分子之间确实可以发生酰胺化缩聚反应生成尼龙，但是 6-氨基己酸本身的生产成本较高，因此不适宜用来工业化制造尼龙。不过，人们却发现了一种拥有环状分子结构的物质——己内酰胺（也是 6 个碳原子），它在有水的条件下可以发生开环反应，而开环后的产物恰好就是 6-氨基己酸！更让人惊喜的是，己内酰胺的制备成本相对较低，完全符合工业化生产尼龙的要求。因此，人们利用己内酰胺的开环聚合反应同样得到了尼龙，不过这种尼龙不再是尼龙 66，而是尼龙 6。这样我们就明白了：只含有一个数字的尼龙制品是通过环状单体的开环聚合制备的，例如尼龙 12 的聚合单体就是环状的十二内酰胺（也被称为"月桂内酰胺"，含有 12 个碳原子）。

尼龙 6

尼龙 66

　　仔细分析尼龙66和尼龙6的分子结构，我们就会发现：尼龙6的分子链中每隔5个碳原子就会出现一个酰胺基团，并且这些酰胺基团都是相同的；而尼龙66的分子链则是每隔10个碳原子出现两个酰胺基团（隔4个碳原子出现一个酰胺基团，再隔6个碳原子出现另一个酰胺基团）。虽然尼龙66和尼龙6中酰胺基团的密度相同，使得两种尼龙的性能基本接近，但是由于酰胺基团的分布差异，使得两种尼龙高分子链之间的氢键密度不同，从而在性能上略有差异：尼龙66具有更高的熔点和硬度，而尼龙6具有较低的熔点和较好的韧性。

尼龙拥有更广阔的舞台

尼龙作为一种性能优异的高分子材料，不光可用于制造纤维，其较高的强度、优异的韧性、较低的密度以及实惠的价格，使其完全可以取代一部分金属材料，从而实现很多工程机械的低成本、轻量化制造。

汽车制造领域就是尼龙材料大显身手的地方。在追求"碳达峰，碳中和"的当下，越来越多的汽车厂商将轻量化作为汽车设计的重要指标之一，汽车每减重100千克，百公里的油耗将降低约0.5升。目前，汽车上的散热器箱、发动机盖、泵叶轮、进气

导管、尾灯罩、仪表外壳、安全气囊，甚至部分机械齿轮都已经使用尼龙材料制造。随着 3D 打印技术的不断进步，结构更复杂的组件也将可以利用尼龙材料实现更高效、更精确的制造，预计尼龙材料将在机械制造领域得到更广泛的应用。

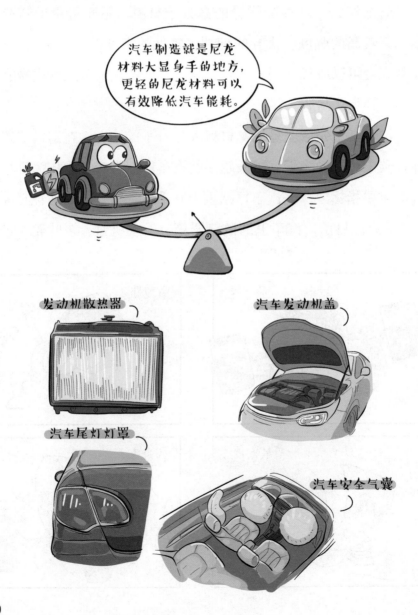

芳纶，尼龙的升级版

尼龙的成功激发了人们对这种材料的更多期待，对它的改进也一直在进行中。前面已经讲过，人们在改造聚酯纤维的时候，为了提升它的强度和耐热性，科学家们在酸类单体的分子结构中引入了苯环。

利用同样原理，为了进一步提升尼龙的强度和耐热性，人们便尝试同时在胺类单体和酸类单体的分子结构中都引入苯环，即使用对苯二甲酸和对苯二胺两种芳香族单体进行聚合反应。但是，引入苯环之后的单体反应活性显著下降，无法直接聚合形成聚酰胺材料。为了让反应能够顺利进行，1972年杜邦公司将对苯二甲酸改为对苯二甲酰氯，从而极大提升了单体的反应活性，让酰胺化缩聚反应得以顺利进行，最终推出了高分子链中含有大量苯环的特殊尼龙材料——芳纶，也被称为"凯夫拉"。

尼龙的成功让人们对它充满期待，我们还在不断地优化和改进它！

"凯夫拉"分子式示意图

大家好！我是合成纤维中的"新贵"芳纶，也叫"凯夫拉"。

凯夫拉纤维呈金黄色，宛如闪亮的金属丝线，它的强度可以达到钢材的 5～6 倍，韧性达到钢材的 2 倍，而重量仅为钢材的 1/5，并且在 560℃的高温下也不会发生分解，被誉为"纤维

神舟十三号返回舱与降落伞（作者拍摄于中国国家博物馆）

之王"。芳纶发明后，首先被应用于国防军工领域，防弹衣、防刺防割服、排爆服等防护装备都大量使用了芳纶。芳纶不仅防护性能优异，同时重量很轻，极大减轻了军人作战时的负重压力。2020年，我国发射了自主研制的火星探测器"天问一号"。为了实现在火星上安全平稳地着陆，"天问一号"在降落时所使用的降落伞就是由一种特殊结构的芳纶材料制作的。芳纶优异的性能完美实现了此次中国火星探测的保驾护航。

尼龙纤维虽然已经诞生 80 余年了，但这种经典的合成纤维材料还在不断焕发着新的生机。近年来，美国科学家就尝试利用尼龙纤维和聚乙烯纤维制成高强度且低成本的"人工肌肉纤维"，它的力量强过人体肌肉百倍。据测算，100 根人工肌肉纤维盘绕在一起就可以承受近 1 吨的重量，用它来制作假肢或机器人的四肢，将会给残障人士或机器人带来"无穷"的力量。

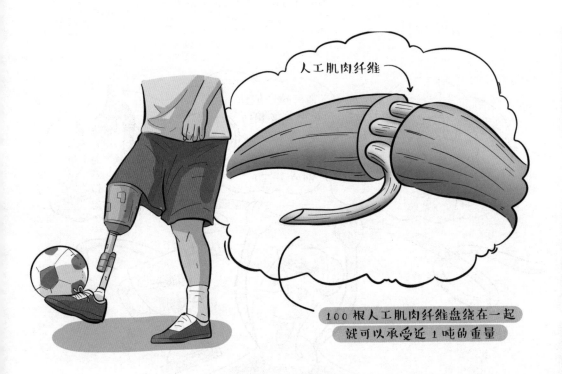

1. 尼龙是哪一种高分子材料？

2. 尼龙 6 和尼龙 66 是同一类尼龙材料吗？

3. 火星探测器"天问一号"所使用的降落伞使用
了哪种特殊的聚酰胺材料？

4

尘土与汁液的启示

　　人们不仅追求制造出足够数量的衣服，衣服的美观更是人们的追求。

"云想衣裳花想容"。

纵观人类社会几千年的发展历程，人们不仅追求制造出足够数量的衣服，衣服的美观更是人们的追求。想要让衣服美观，新颖的款式和设计当然必不可少，但华丽的色彩也能让普通的衣服立刻变得引人注目。

颜料

染料

其实，人类的祖先最初是不懂如何让衣服拥有色彩的，可能是在劳动过程中衣服沾染上了有颜色的尘土或者是有色植物的汁液，这些带有色彩的"污渍"给了人类巨大的启示。逐渐地，有色尘土和汁液便成了古人染衣的两类重要原料——颜料和染料——的雏形。颜料和染料名称看似接近，其实在实际应用中具有巨大的差异。

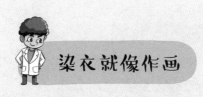

染衣就像作画

　　说起颜料，我们的第一反应一定是绘画。五彩斑斓的矿物颜料（可在水中分散）为中国古人提供了丰富的绘画原料，例如赤红色的朱砂（主要成分为硫化汞 HgS）、翠绿的孔雀石 [主要成分为碱式碳酸铜 $Cu_2(OH)_2CO_3$]、暖心的雌黄（主要成分为三硫化二砷 As_2S_3）、天青色的青金石（主要成分为硅铝酸盐矿物）等。中国古人用这些天然矿物颜料创作了《千里江山图》《清明上河图》《富春山居图》等一系列传世艺术瑰宝，展现了中国传统艺术强大的生命力。当然，西方以油分散颜料为基础而建立起的油画艺术形式也拥有极大的艺术魅力，并在近代风靡于世界。

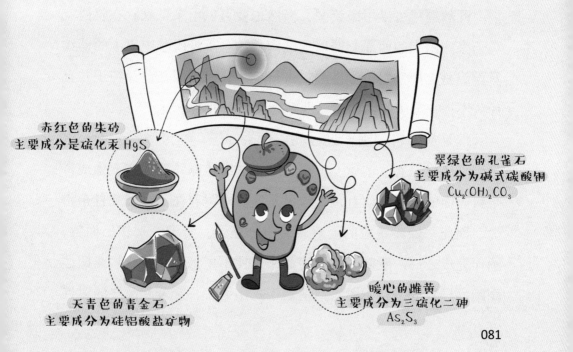

赤红色的朱砂
主要成分是硫化汞 HgS

翠绿色的孔雀石
主要成分为碱式碳酸铜
$Cu_2(OH)_2CO_3$

天青色的青金石
主要成分为硅铝酸盐矿物

暖心的雌黄
主要成分为三硫化二砷
As_2S_3

颜料
不溶于水

颜料液
不透明

颜料的一个重要性质是无法溶解在水或溶剂中，所以颜料液往往是非透明的液体。

　　如果大家使用过颜料的话就会知道，颜料是无法溶解在水或溶剂中的，而是以稳定分散的形式存在，因此，颜料液其实是各种有色难溶物质经过研磨、调浆而形成的有色物质分散液。由于有色物质无法溶解，因此，颜料液是非透明的。

　　既然颜料可以用来绘画，当然也就可以用来染衣。在陕西宝鸡茹家庄出土的西周刺绣以及湖南长沙马王堆汉墓中出土的菱纹罗丝绵袍上都使用了朱砂颜料进行染色。朱砂因其色泽纯正并且经久不褪，成了我国西汉以前极为贵重的染衣原料。

　　但是从颜料的制作过程我们就会知道，利用颜料无论是进行绘画还是染衣，本质上就是将细小的有色颗粒涂抹在纸张或者布料表面的过程，而有色颗粒只是简单地附着在了纸张或者布料上，因此，颜料颗粒的附着就会十分脆弱。对于绘画作品而言，画作完成之后一般都会被装裱起来，便不用担心风吹日晒或搬运剐蹭而导致的颜料脱落。但是对于衣服而言，穿着和清洗的时候布料之间的相互摩擦就很容易导致颜料脱落而掉色。因此，经过颜料染色的艳丽彩衣就变得十分贵重甚至成了工艺品，无法满足大众对于鲜艳服饰的使用要求。面对现实，人们就不得不进一步思考：利用什么物质染衣可以不掉色呢？

于是，染料应运而生。

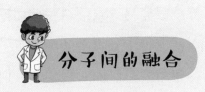

分子间的融合

　　由于颜料颗粒在布料上的附着力较弱，无法胜任染衣的历史使命，因此，要想获得更好的染色牢度，就必须将染色物质的体积进一步缩小。那么，染色物质要缩小到什么程度呢？分子水平。试想，当染色物质以分子的形式与布料相融合，甚至可以渗入布料纤维的高分子内部时，衣服的色彩便会变得十分牢固。而能够以分子状态溶解于水或其他溶剂中形成透明染色溶液，从而便于布料直接浸渍染色的物质，就被称为"染料"。

　　人们学习利用染料是从利用有色植物的汁液开始的，人们将具有艳丽色彩的植物根、茎、叶、果实、种子等用水浸渍，将其中含有的天然色素溶解出来进而做成染液，然后利用各种颜色的染液浸染布料，从而形成人们需要的图纹和颜色。植物染布始于中国，周朝时就设有管理染布的官职——"染人"，秦代设有"染色司"，唐宋设有"染院"，明清则设有"蓝靛所"等印染管理机构。在近代西方印染工业出现之前，中国拥有着世界上最为先进的手工印染技术。

"印染不掉色"的劳动智慧

相比于颜料，染料以分子形式融入布料纤维，大幅提升了染色物质的色牢度。但这并不意味着染色物质完全不会在衣物洗涤的过程中掉下来，毕竟在染色时染料可以溶于水形成染液，在洗衣服的时候一部分衣物上的染料分子也同样会反向溶于水，造成衣服的掉色。因此，要想彻底解决衣服掉色的问题，还需要人们发明出更加巧妙的染料使用方法。

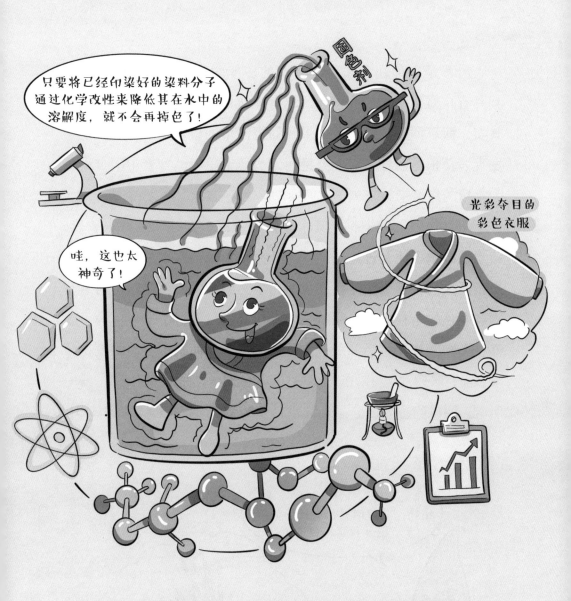

　　中国人的智慧是无穷的。既然染料容易掉色的原因是容易溶解于水，那么人们便反其道而行之，只要将已经印染在布料上的染料分子通过化学改性来降低染料分子在水中的溶解度。这样一来，已经附着在布料纤维上的染料分子就再也不会被水洗掉了。

茜草是一种在我国广泛分布的多年生草本藤蔓植物，由于其具有止血化瘀的药效，因此也有"血见愁""活血丹"的美名。其实，茜草浑身都是宝，如果我们把茜草的根挖出来，我们就会发现茜草根呈血红色，十分艳丽。茜草根里就蕴含着中国古人最为常用的红色染料之一——茜素。

茜素作为一种染料，其水溶性并不高，但是如果将水加热，茜素的溶解度便会进一步上升，从而得到足够茜素浓度的红色染液。当人们将衣服浸泡在红色的茜素热溶液中，就可以得到具有鲜红颜色的布料了，但此时染色工作其实只进行了一半。为了能够在布料浸渍染色后降低茜素的溶解度，让茜素牢牢地附着在纤维表面，人们发现可以在染液中添加固色剂（也称为"媒染剂"）——明矾。明矾的主要成分是十二水合硫酸铝钾 $[KAl(SO_4)_2 \cdot 12H_2O]$，

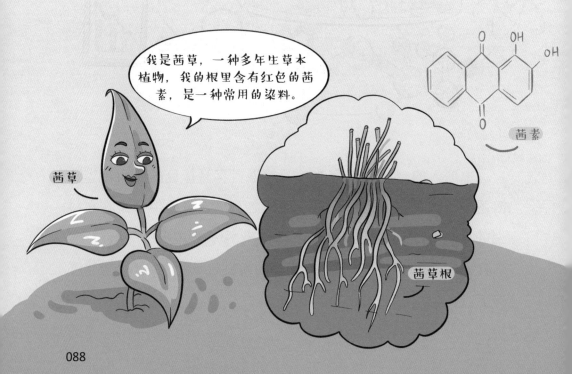

当明矾加入染液后，茜素分子可以和明矾中的铝离子形成稳定的配合物。这种配合物不仅依然表现出鲜艳的绯红色，并且溶解度急剧下降，最终以分子的形式沉淀附着在布料的纤维表面，因此被水洗下来的概率就会变得微乎其微了。

在解决了红色染料的印染牢度问题后，人们又将目光投向了蓝色。在中国古代，蓝色通常是老百姓所穿戴的颜色。之所以老百姓广泛穿着蓝色衣服，本质上是因为在众多的天然植物染料中，只有蓝色染料的产量能够满足普通老百姓的大规模需求。植物中含有的天然蓝色染料被称为"靛蓝"，靛蓝广泛存在于马蓝、蓼蓝、菘蓝等各类蓝草中。可能大家对于这几种蓝草并不熟悉，但是马蓝和菘蓝的根却是味有名的中药材，具有清热解毒的功效，常用于治疗感冒，它就是板蓝根。

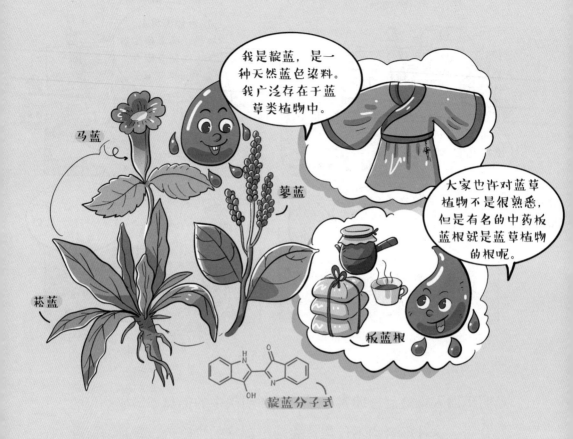

靛蓝分子式

中国古代劳动人民发现，从蓝草中提取的靛蓝染料在常温下依然水溶性很低，并不适合直接染布。但是在碱性条件下，通过细菌的发酵（类似于酸奶的发酵）过程，却可以将靛蓝分子还原为无色但水溶性很好的物质——靛白。实际上，制作蓝色布料时浸染的是靛白溶液，浸染后的布料将被放置在空气中进行晾晒，在晾晒过程中，靛白分子又会被空气中的氧气分子重新氧化，变回为水溶性较差的靛蓝分子，这时你就会看到原本白色的浸染布料，随着晾晒时间的延长，逐渐显现出蓝色的神奇景象。2000 多年前战国时代的荀子就在其著作《劝学篇》中写道，"青，取之于蓝，而青于蓝"，以此盛赞靛蓝这种染料虽然取自蓝草，却比蓝草具有更大的用途。事实上，靛蓝染料的还原－氧化印染工艺，既解决了靛蓝染料不易溶解形成染液的难题，又不会出现印染后布料的掉色困扰，这种工艺的发明更是体现出了中国古代劳动人民"取之于蓝而青于蓝"的卓越民族精神！

印染工艺的智慧——蜡染与扎染

有了茜素和靛蓝后，中国古人还从姜黄、栀子中得到了

黄色染料，从紫苏中获得了紫色染料，从薯莨中获得了棕色染料，以及从五倍子和苏木中得到了黑色染料，并进一步通过各种颜色的相互复配，变化出了丰富而完整的色彩体系。有了完整的色彩体系后，想要在布料上得到各种复杂且炫美的图案，就必须借助高超的印染工艺了，而中国古人发明的蜡染和扎染技艺则是各种手工印染技艺中的翘楚。

用特殊的画笔蘸取热的蜡液，趁热在布料上作画。

将画好的布料投入染料染色，之后用热水洗去蜡液。有蜡液覆盖的地方就不会被染料染色。

蜡液融化

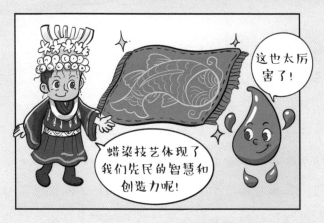

这也太厉害了！

蜡染技艺体现了我们先民的智慧和创造力呢！

蜡染就是人们先在布面上利用熔融的液态蜡（古代常用蜂蜡、虫白蜡，现代多用石蜡、木蜡等混合蜡）绘制出各种图案，由于在印染时染液（例如靛白溶液）无法与蜡相融，因此涂蜡的部分就形成了留白，并最终在布面上呈现出了蓝

扎染

1 用绳子将布料打结

2 用染料将打结好的布料染色

3 拆开绳结并晾干，扎染就完成了

底白花或白底蓝花的丰富图案。现今，贵州的苗族聚居区还保存和传承着完整的蜡染技艺。

　　而扎染则是通过纱、线、绳将织物打绞成结后进行染色。由于成结的织物在染色过程中布面并不能均匀着色，因此在绞结拆除后，布面上便留下了深浅不一的色晕和层次丰富的皱印。扎染的扎法千变万化，从而成就了鬼斧神工的扎染图案，这种独特的艺术效果是现代机械印染难以实现的。2006年，经国务院批准，扎染技艺入选了国家非物质文化遗产。2022年3月23日，神舟十三号航天员王亚平在中国空间站进行天宫课堂授课时，现场讲解和展示了扎染这项传统而独特的手工印染技艺。

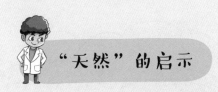
　　虽然古代人们掌握了从植物中提取靛蓝、茜素、姜黄等天然染料进行染布的工艺，但完全依赖于自然合成所能获得的染料种类和数量实在有限，现代化学工业的发展则让人们实现了"染料自由"。通过前面对布料染色过程的描述，我们就会知道人工合

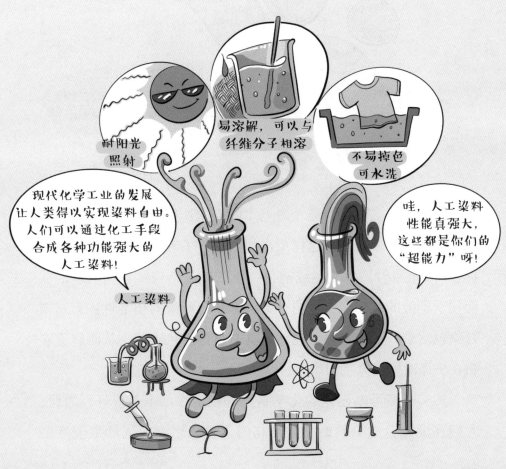

成的染料分子需要符合三个最基本的要求：第一就是染料分子的化学结构要十分稳定，这样染出的衣服就不容易因受环境的影响（例如阳光照射）而变色或褪色；第二就是染料要容易溶解，从而便于染液的制作，以及提升染料分子与纤维的相溶性；第三则是染色后染料不易脱除，也就是具有良好的色牢度，从而避免衣物在洗涤时发生掉色和串色。

其实很多可以显色的化学基团的稳定性都不是很好，因此，人们在设计合成染料的化学结构时，首先想到的依然是天然染料。前面讲到的红色染料茜素是一种蒽醌类化学物质，其化学性质十分稳定，因此，茜素涂染的衣服色泽鲜艳且持久稳定。作为蒽醌类染料的鼻祖，茜素性能如此优异，人们觉得与其自己设计新的化学结构，还不如直接通过人工的方法将茜素分子合成出来，只要人工合成的成本低于从自然界提取的成本，那么合成茜素就具有巨大的商业价值。1869 年，德国化学巨头巴斯夫（BASF）公司成功实现了茜素的合成，并在 1870 年投入生产。合成茜素的产业化也成为巴斯夫公司发展道路上的一个重要里程碑。

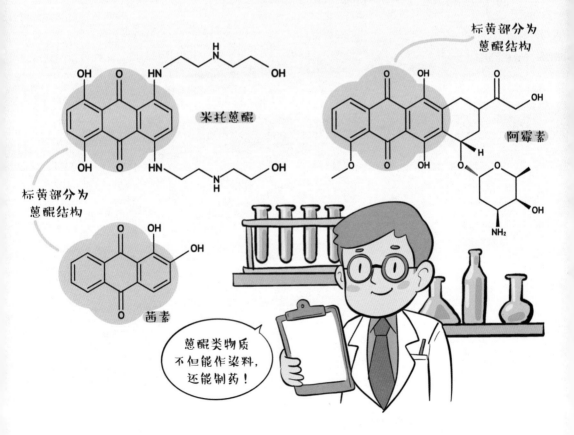

米托蒽醌

标黄部分为
蒽醌结构

阿霉素

标黄部分为
蒽醌结构

茜素

蒽醌类物质
不但能作染料，
还能制药！

科学家们发现，茜素之所以呈现红色，是因为其蒽醌结构上存在两个羟基，使得茜素的蒽醌共轭电子结构只反射红光，而吸收其他可见光。依照这个原理，只要通过调整蒽醌结构上的取代基团（有机化学中，取代基是取代有机化合物中氢原子的基团。）进而调整共轭结构中的电子云密度，就可以让蒽醌结构反射不同频率的可见光，这样也就得到了不同颜色的蒽醌染料。目前，人工合成的蒽醌染料已有400多个品种，不但覆盖了可见光的全部色谱，人们还通过结构的调节制备出了蒽醌荧光染料，甚至一些特殊结构的蒽醌染料还成了临床上广泛使用的广谱抗癌药物，例如蓝色的米托蒽醌、红橙色的阿霉素等。

合成染料进阶之路

随着合成染料技术的进步，人们又陆续发明了偶氮染料（目前应用最广泛的一类染料）、芳甲烷染料等染料类型，并且实现了靛族染料（以靛蓝为代表）的人工合成，完成了多品类生色基

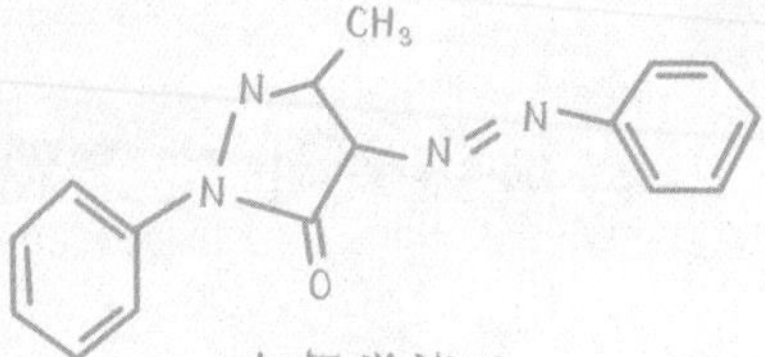

偶氮类染料
苏丹黄

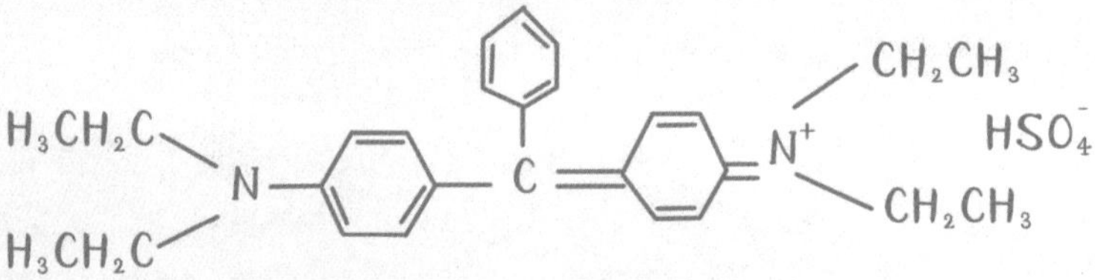

芳甲烷类染料
孔雀石绿

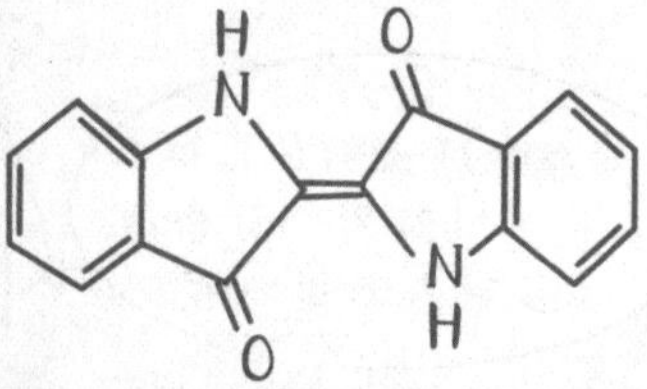

靛族染料
靛蓝

团染料的系统开发。下一步人们开始研究如何让上述各类合成染料具有更好的溶剂溶解性（尤其是水溶性）和色牢度，从而提升染料的综合性能。

无论是蒽醌基团还是偶氮基团，它们的水溶性都相对较差，为了解决人工染料的水溶性问题，科学家们选择在生色基团上直接引入强水溶性基团——磺酸钠（$-SO_3Na$）基团。例如，偶氮类红色染料刚果红分子中就引入了两个磺酸钠基团，因此刚果红拥有十分优异的水溶性，便于后期制作染液和浸染布料。更巧妙的是，刚果红分子上还引入了两个胺基基团，胺基能够与纤维上的羟基通过氢键作用相互结合，因此，刚果红就可以较为牢固地吸附在纤维表面，色牢度的问题也在一定程度上得到了解决。

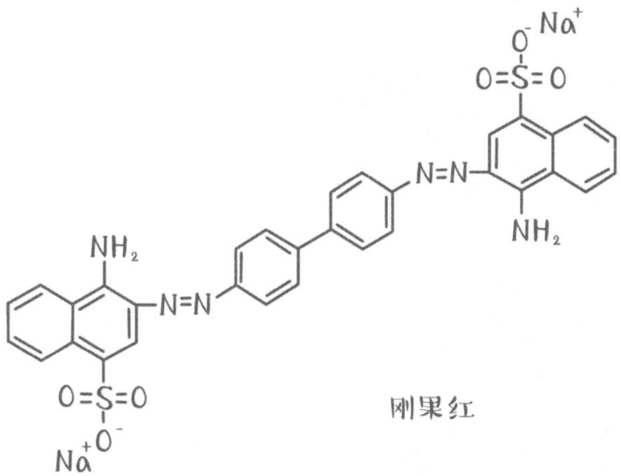

刚果红

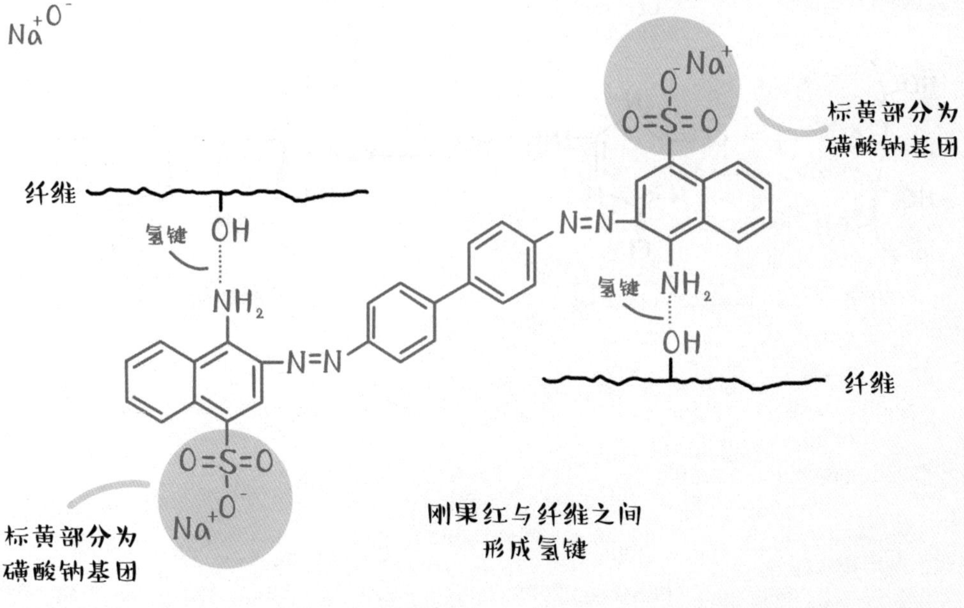

标黄部分为
磺酸钠基团

纤维

氢键

标黄部分为
磺酸钠基团

刚果红与纤维之间
形成氢键

虽然氢键在一定程度可以提升染料分子与纤维之间的色牢度，但是氢键毕竟是弱相互作用，染料分子在较强的清洗作用下还是会有脱除的问题。人们就想能不能通过共价化学键，直接将染料分子键合在纤维高分子上，从而彻底解决掉色的问题呢？答案是肯定的。这种染料被称为"活性染料"，例如二氯均三嗪型活性染料是人们发明的首个活性染料，分子中的氯原子（Cl）可以直接与纤维素中的羟基反应，形成共价键，这样染料的脱除和掉色问题就彻底解决啦！

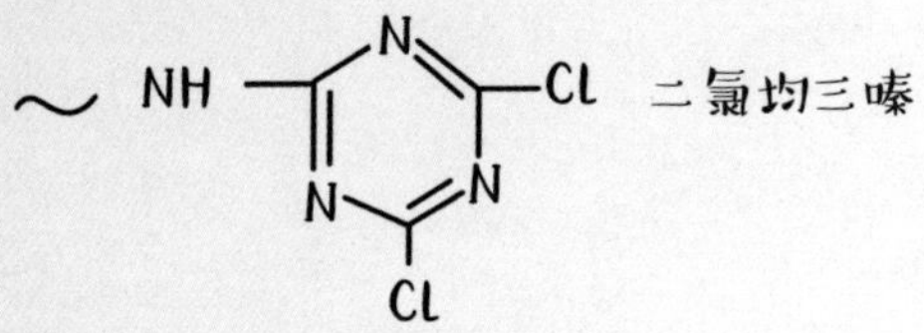

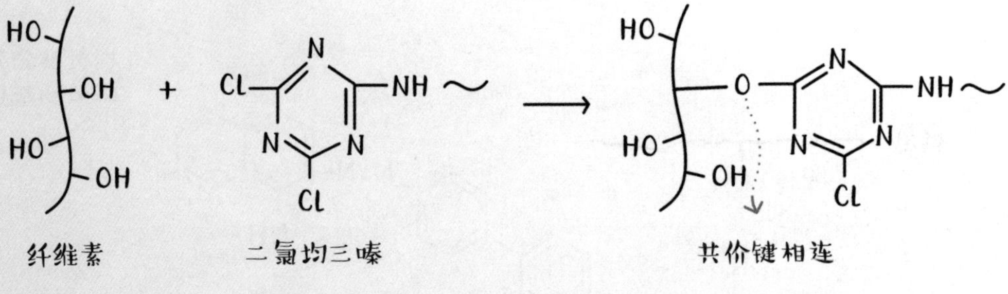

拓展阅读

护色洗衣液真的有用吗？

生活中，我们会担心衣服在清洗时掉色，如果在清洗衣物时深色衣服与浅色衣服串色，那就更加令人懊恼。为了应对衣服掉色的问题，很多洗衣液品牌都推出了升级版洗衣液——护色洗衣液，它真的有用吗？

其实，护色洗衣液就是在普通的洗衣液中添加了一定量的阳离子聚合物。前面讲了，多数合成染料为了提升水溶性

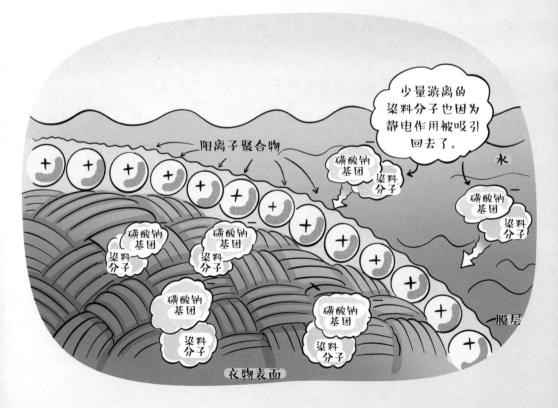

都会在分子上引入磺酸钠基团，这种基团在水中会携带很强的负电荷。而阳离子聚合物则携带正电荷，当护色洗衣液添加进水中后，阳离子聚合物会由于正负电荷的静电吸附作用而迅速聚集在衣服表面形成膜层，从而抑制染料分子的脱离。即使有少量的染料分子从衣服上脱离，阳离子聚合物也同样会通过静电作用将脱除下来的染料分子重新吸附回去，这样衣服的颜色就得到了更有效地保护。

思考一下

1. 茜草的根部含有的天然红色染料是什么？

2. 为什么使用靛蓝染布之前需要先进行细菌发酵？

3. 神舟十三号航天员王亚平在中国空间站进行天宫课堂授课时现场讲解和展示了哪种中国传统印染技艺？

5

永不断电的智能服装

　　未来的衣服一定会发展成可以帮助我们监测身体运行状态，甚至可以参与身体机能调节的"智能服装"。

人类的服装在诞生时的首要用途是保护身体，如遮挡风雨、防寒防晒。其次，服装可以起到装饰的作用，毕竟好看的衣服总是会吸引更多人的注意。但是，随着人类社会步入智能时代，衣服的功能也早已超越了遮蔽身体的范畴，人们希望所穿的衣服更具有"智慧"，不仅可以帮助我们监测身体的健康状态，甚至可以参与身体机能的调节。这种衣服就叫作"智能服装"。

　　智能服装要想"智能"，从本质上来说就是需要在衣服上集成各种不同的电子器件。例如，微型传感器可以监测心率、呼吸、血糖和氧饱和度等人体机能数据；柔性显示设备负责将采集

107

的人体数据显示出来，并可以进行指令的输入；智能芯片作为各种电子器件的大脑，可以对外部输入的指令进行运算，进而对电子器件进行控制。因此，智能服装与其说是服装，不如说是一个穿着舒适的高度集成的电子设备平台。

那么问题来了，只要是电子设备，就需要有持续不断的电能供应。当然，使用电池是提供电能的最简单最基本的方式，但是只要使用电池，就会存在定时充电或者更换电池的步骤。普通的可穿戴电子设备进行定时的电池充电或者更换还可以接受，但是像心脏起搏器之类的设备是不方便进行电池更换的。因此，未来智能服装能否实现真正的应用，首先需要解决的一个根本问题，就是寻找一种可以随时随地给予永久供电的崭新发电模式。

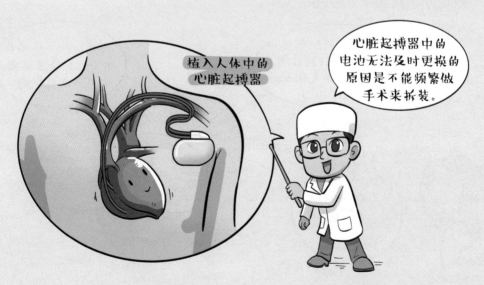

看似毫不起眼的"麻烦电"

给心脏起搏器这种为人体服务的电子设备充电，最好的电能来源不是别的，而是人体本身！如果人体可以作为发电机，源源不断地给植入在自身体内的心脏起搏器充电的话，那么这台心脏起搏器就永远不用担心断电的问题了。自然界中确实有些动物自身就可以不断地发出高压电流，例如电鳗。电鳗在捕食或者受到攻击时，可以轻易地从身体内放出高达 800 伏特电压的电流。人体能够承受的安全电压仅 36 伏特，800 伏特的高压电流不但可以让人丧命，而且足以电死一头牛，因此电鳗也被称为"水中高压线"。可惜的是，我们人体无法像电鳗一样随心所欲地发电，不过这并不代表着人体无法发电。

　　每年冬季，生活在北方的人都会有一种相似的经历，那就是生活中无处不在的静电。无论是我们触摸门把手，还是睡觉前脱衣服（尤其是脱毛衣），噼里啪啦的静电总让人十分反感。不过大家有没有想过，这些静电从本质来讲也是电，如果把这些静电收集起来，能不能被我们利用呢？

　　要想利用静电，首先就要明白静电是如何产生的。我们知道，构成物质的原子都是由原子核和核外电子组成，而不同种类的原子对于自身核外电子的约束能力是不同的。因此，在一定的条件下，例如两种材料相互摩擦，电子就可以从一种材料迁移到另一种材料上，这时两种材料就都会携带静电，只不过它们所携带的电荷相反。

摩擦起电的现象非常常见，例如，冬天的早晨，如果我们用梳子尤其是塑料材质的梳子梳头的话，梳一会儿就会发现，梳子会吸引我们的头发，并且头发也会变得蓬松起来，这就是因为在梳头发的过程中，头发和梳子由于摩擦而携带了静电。梳子和头发摩擦时电子会从头发流向梳子，从而使头发带正电，梳子带负电。由于正负电荷相互吸引，因此梳子就会吸引头发。每根头发丝都携带正电，因此，头发丝之间就会由于同种电荷相互排斥，使头发蓬松起来。

每根头发都带有正电，由于同种电荷互斥，头发自然就蓬松了。

头发带正电而梳子带负电，头发和梳子相互吸引。

在梳头的时候，头发和梳子相互摩擦而产生静电。

静电让头发异常蓬松

从本质上说，摩擦起电是在相互摩擦的两个物体上分别富集正电荷和负电荷的过程，而电荷富集过程的本质其实就是发电！如果你在两片持续摩擦的材料之间连接一根导线的话，负电荷材料上的电子就会主动向正电荷材料上移动，这样就可以形成电流，这时，这两片看似毫不起眼并且在持续相互摩擦的材料，就组成了目前研究热度很高的前沿发电设备——摩擦发电机。如果将导线与心脏起搏器相连接，凭借着摩擦发电机的持续供电，起搏器就可以正常工作了。平常总是遭人嫌弃的静电，如果得到合理利用，就会给未来人们的生活带来巨大便利。

摩擦纳米发电机

　　根据上面所阐述的摩擦发电的原理，中国科学院的王中林院士及其团队设计了一种外观呈圆柱形且体积十分微小的**摩擦纳米发电机**。这种摩擦发电机所使用的摩擦材料为**小铁球和聚四氟乙烯薄膜（PTFE）**。科研人员首先将聚四氟乙烯薄膜制作成**非封闭的圆环状**，并且在圆环薄膜的两端分别贴合**铜箔**作为电极，小铁球则被放置在环状薄膜所围成的空间内。这样，一台摩擦纳米发电机就制作完成了。当我们将摩擦纳米发电机固定在人体上时，随着人体的运动，发电机内的小铁球就会在圆环状聚四氟乙烯薄膜上来回摩擦，使聚四氟乙烯薄膜携带静电。到这里我们要先明

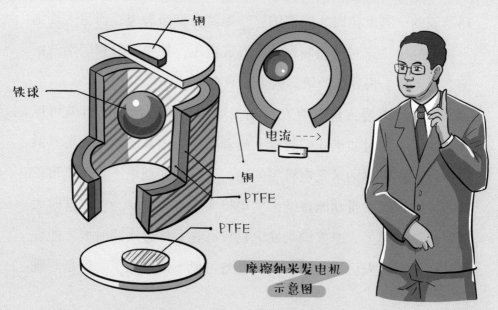

铜

铁球

电流 --->

铜

PTFE

PTFE

摩擦纳米发电机
示意图

白，小球与薄膜之间的接触点是摩擦生电的地方，也就意味着，薄膜上不可能所有位置同时携带静电。例如，当小球与非封闭圆环薄膜的一端摩擦时，摩擦的这一端就会携带静电，而另一端则不携带静电，这时薄膜两端就会形成电压。如果在薄膜两端的铜箔之间连接一根导线的话，就会形成电流。

所以，只要人体一直在运动，这台摩擦纳米发电机就可以持续发电。这时如果我们的身上或者衣服上内置了便携式可穿戴电子设备和摩擦纳米发电机组的话，这些可穿戴电子设备就可以依靠人体运动来带动摩擦纳米发电机实现供电了。当然，这时大家可能就要问了，摩擦纳米发电机只有在人体运动的时候才能发电，到了夜晚人已经入睡，其他设备可以不用供电了，但是心脏起搏器这类设备可不能停下来啊，这可怎么办呢？我们可以同时植入一个小型锂电池，白天摩擦发电机工作的时候给电池充电，晚上依靠电池的电量维持起搏器的正常运行，这样就完美地解决了人体在休息时的供电问题。

有了人体这个巨大的能量宝库，摩擦纳米发电机可以被认为是取之不尽用之不竭的能量来源。从本质上来说，摩擦纳米发电机是将人体内由食物带来的能量转化成了电能并加以利用。当然，这些能量如果不利用，就会随着人身体的运动而消耗掉，所以摩擦纳米发电机只是将身体平常运动所消耗的能量中的很小一部分，转化成了电能，来供应穿戴电子设备。通过摩擦纳米发电机，本来无法产生电能的人体，也间接实现了自身发电，让我们拥有了类似电鳗的神奇能力。

海洋是巨大的摩擦电能库

摩擦产生的电能总让人感觉非常小，其实这是一个误解。

闪电我们都很熟悉，其实闪电就是云层在强烈气流的驱使下

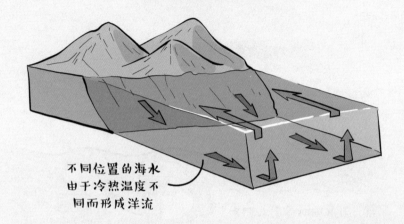

洋流蕴含着大量的能量

不同位置的海水
由于冷热温度不
同而形成洋流

不断运动并且相互摩擦产生静电，随后带有正、负两种静电的云层相互碰撞而产生放电现象的过程。因此，爆发力极强的闪电形成的本质依然是摩擦生电。

虽然云层之间摩擦所产生的闪电能量十分丰富，但是这类电能的电压太大并且发生的地点非常随机，因此难以收集利用。其实在自然界中，还存在着一个我们从未利用过的摩擦电能宝库，它就是海洋。

地球上的海水并不是静止不动的，而是一直流动着的。一方面，地球上不同位置的海水冷热温度不同，使海水形成洋流；另一方面，海水同时受到太阳和月亮的引力影响，从而存在潮汐现象。

流动的海水蕴含着巨大的能量，据统计，海洋中存在着约 760 亿千瓦的能量功率，而全球目前的电能总功耗仅约 160

潮汐也蕴含着大量的能量

海水同时受到太阳和
月亮的引力影响
形成潮汐现象

亿千瓦，不到海洋蕴含能量功率的1/4，因此，仅是海洋所蕴藏的能量就足以满足全球的电能需求。但是，传统的发电方法很难将这些十分分散的海洋能量收集并转化为电能，而摩擦发电则提供了一个高效的发电模式。

科学家们将摩擦发电机制作成球状、鸟笼状，甚至海草状，利用海水运动促使发电机运动并产生摩擦，进而发电。同时，我们可以通过选取不同种类的摩擦材料并控制摩擦材料表面的粗糙度，来进一步提升发电效率。据测算，如果我们能够在面积相当于山东省，深度为一米的海水中排列放置摩擦发电机点阵网络的话，其发电量就可以满足整个中国的用电需求。相信随着我国不断推进"碳达峰，碳中和"的发展战略，摩擦发电机将会在未来解决人类能源的问题上大放异彩！

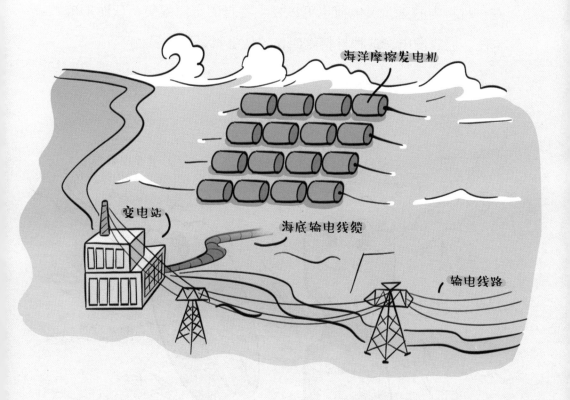

让衣服"听见"声音

　　其实，发电并不是只能通过材料之间的相互摩擦而实现。某些材料只要承受一定的外部压力，就会使内部具备一定的微观形变，材料内的正、负电荷也可以发生各自的定向聚集，从而形成电压，完成发电。这种材料就叫作"压电材料"。

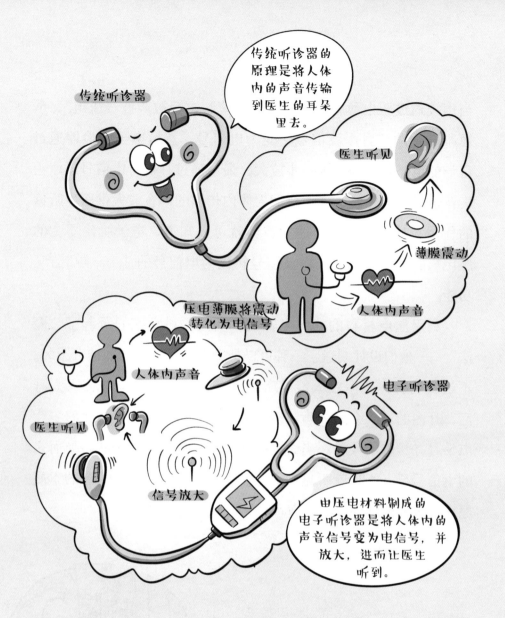

　　压电材料其实已经在我们的日常生活中发挥了巨大的作用。例如，当我们去医院看病时，医生经常会用听诊器来监测我们身体内部的运行情况。传统的听诊器是利用一块金属薄膜或者塑料薄膜来收音，目的是将身体内部的声音放大并通过胶管传输到医生的耳朵里。现在先进的电子听诊器则是利用了一片压电材料薄膜。由于声音的本质是物体振动产生的机械波（也就是声波），当声波通过压电薄膜的时候，压电薄膜也会被声波"压迫"，从而跟随振动并将声波信号转变为电信号，然后电子听诊器通过自身的电路将电信号进一步放大，最后通过耳机将电信号还原为声音信号，这样就实现了将病人体内传出的声音放大供医生听诊的作用。从上述过程描述中我们就可以知道，电子听诊器上的压电材料主要承担着将声波信号转化为电信号的"声—电转换"功能。

利用压电材料的"声电转换"功能，科学家们玩起了"魔法"——他们设计制造了一种可以帮助人们听见声音的神奇服装。不过我们首先要明白人能够听见声音的原理：当声波传入人耳后，耳内的鼓膜会跟随声波振动，耳蜗再将振动信号转化为生物电信号并传输给大脑；当人脑的听觉中枢收到了从声波转换而来的电信号后，人也就听见声音了。也就是说，人听见声音的本质原理是听觉中枢接收到了声音转化而来的电信号。

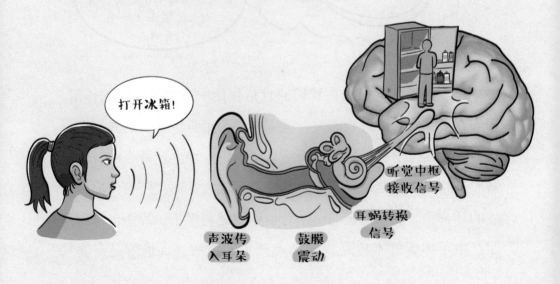

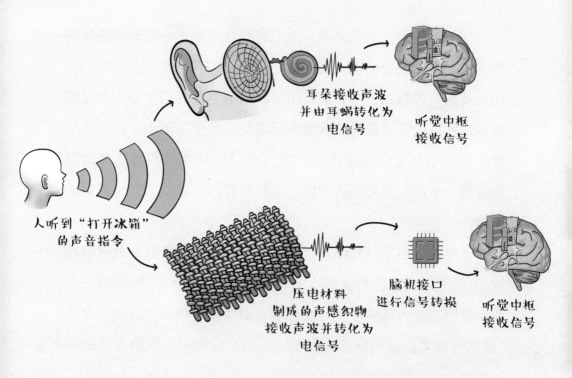

人听到"打开冰箱"的声音指令

耳朵接收声波并由耳蜗转化为电信号

听觉中枢接收信号

压电材料制成的声感织物接收声波并转化为电信号

脑机接口进行信号转换

听觉中枢接收信号

　　根据这个原理，科学家们首先将压电材料与制衣纤维材料结合编织在一起，得到了一种声感织物。这种织物确实可以在外界声音传来时像人耳的鼓膜一样振动起来，并将振动信号转化成一连串的电信号。但是新的问题来了，我们如何让大脑听觉中枢接收声感织物产生的电信号，进而让人听到声音呢？此时，脑机接口技术就派上了用场。脑机接口作为大脑的外部信号输入端口，可以将声感织物产生的电信号进一步转化为大脑可以识别的电信号，并传输给听觉中枢。这样，具备了声感织物和脑机接口的神奇服装便可以帮助听障患者重新听见声音。

　　更神奇的是，这件"听得见声音"的服装很有可能还可以帮助人们"说话"。其实，压电材料的"微观形变产生电压"的压电特性是可逆的，也就是说，压电材料在承受了一定外部电压的情况下，自身也会发生一定的微观形变，实现"电—声转换"！那么我们可以想象，当人脑发出了说话的电信号指令后，通过脑机接口就可以将电信号传输给声感织物，其中的压电材料由于承受了外部电压就会发生微观形变。此时，只要我们将这种微观形变进一步放大成宏观的声波，这件神奇的衣服就具备了说话的功能。

　　世界卫生组织（WHO）在 2021 年的报告中指出，全球有超过 15 亿人患有某种程度的听力损失，听力残障也是世界第三大残疾原因。听力障碍往往还会伴随着语言发音障碍，因此，这件"既能听，又会说"的神奇衣服，可能会让聋哑人摆脱身体残疾的困扰。

1. "麻烦电" 指的是什么电?

2. 中国科学院王中林院士利用摩擦发电的原理设计了哪种发电机?

3. 什么材料可以将外部压力转化为电压?

6

宇航员的生命堡垒

从古至今，衣服的功能已经经历了从遮蔽身体到美化装饰再到宇宙探索的历史变迁，这种变迁其实也是人类文明发展的侧面缩影。

躲不掉的宇宙辐射

人类、地球、太阳都不是宇宙的主角。

人类的出现无疑是宇宙的奇迹，但人类并不是宇宙演化的终极作品。虽然我们尚未发现宇宙中存在其他生命形式的证据，但也没有人能够保证地球是宇宙中唯一存在生命甚至智能生命的星球，毕竟，地球只是宇宙中微不足道的一颗行星罢了。

　　宇宙的浩瀚我们难以想象，并且宇宙的体积还在不断膨胀。保守估算，在可观测宇宙（直径约 930 亿光年的球体空间）范围内就包含有约 20 万亿亿颗恒星。虽然太阳对于地球和人类来说是个绝对的庞然大物，并且在地球产生生命的过程中起着无可替代的作用，但是对于浩瀚的宇宙来说，太阳实在太普通了，甚至连一颗沙子都算不上。

　　人类（包括人类发射的所有太空探测器）还没有跑出过太阳系，我们这些"井底之蛙"太渴望了解外面的世界了。因此，宇航员为全人类承担起了探索宇宙的重任，但是他们也承担着来自宇宙的风险。宇宙空间其实是十分凶险的，充斥着危险的高能粒子辐射。这些辐射来自太阳耀斑，以及太阳系外其他恒星发生超新星爆发而喷射出的带电粒子流——主要为质子、α 粒子（即氦原子核）、电子等。宇宙辐射能够破坏人体的遗传物质，从而造成细胞癌变，是不折不扣的生命杀手。

但在地球上的我们却不用担心，因为地球把我们保护得很好。地球就像一个巨大的磁铁，当这些带有电荷的高能粒子接近地球的时候，地球的磁场就会将它们驱赶到地球两极，从而避免了对人体的直接伤害。而在地球两极的天空中，由于大量高能粒子闯入大气层与大气分子发生猛烈碰撞，大气分子受到能量激发，便会发出美丽绚烂的光芒，这就是极光。

脱离了地球保护的宇航员是不能直接暴露在太空环境中的，因为除了上面提到的宇宙辐射，宇宙空间还是真空且低温的。人类无法直接面对这些因素，因此宇航员进入太空需要进行全方位的保护，这时宇航服（中国称为"航天服"）便诞生了。

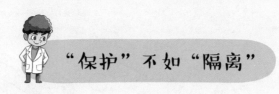

"保护" 不如 "隔离"

　　面对宇宙复杂的环境，宇航服与其说是衣服，不如说是一套维持宇航员正常生命活动的环境系统。宇航服将宇航员与太空环境直接物理隔离，打造了一个符合人类生存要求的独立空间。

　　既然是独立空间，宇航服首先就需要解决宇宙射线对宇航员的伤害。前面已经提到，宇宙辐射伤害的本质是高能带电粒子对人体的攻击，因此只要某种材料能够阻挡带电粒子，那么就可以有效减少宇宙射线的伤害。

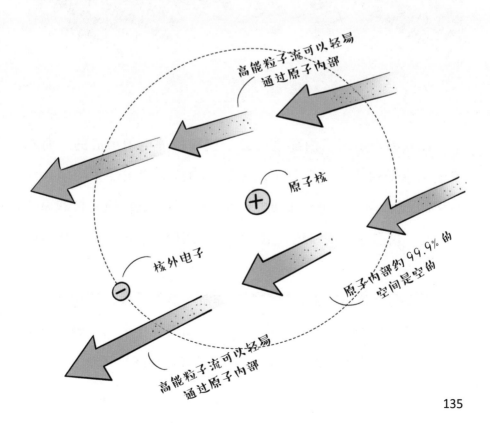

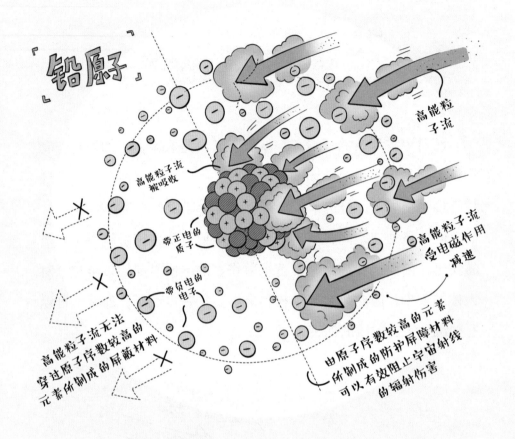

我们都知道原子内部是由原子核和核外电子组成的，而原子核和电子的体积都十分小，使原子内部的绝大部分空间（约99.9%以上）都是空的。因此，当高能粒子穿过任何材料的原子内部时，仅靠原子核和核外电子的物理阻挡是不可能起到任何防护作用的。

对于阻挡带电粒子，我们拥有非常巧妙的手段，那就是电磁作用。带电粒子之间都存在电磁作用，而电磁作用的强弱取决于带电粒子所携带电荷的大小。原子内部的原子核与核外电子都带有电荷，并且原子序数越高的原子，其原子核所携带的正电荷越多，核外的带有负电的电子数量也越多，这就意味着当高能粒子进入原子序数较高的原子内部时，原子与高能粒子之间的电磁相互作用就更为强烈，高能粒子就会逐渐减速，最终被防护材料吸收。因此，使用原子序数较高的元素制作的防护屏障材料就能有效地阻止宇宙辐射的伤害，这也就是为什么防辐射材料通常使用重金属（例如金属铅 Pb）作为主要材料的原因。重金属材料虽然能够有效屏蔽宇宙射线，但自重过大，宇航员穿着起来十分笨重。因此，宇航服的外层往往采用多层镀铝（Al）的复合材料，这样既能兼顾宇宙射线的防护，又能极大减轻宇航服的重量。

不过话又说回来，再好的宇航服对宇宙辐射的防护都是有限的，而地球距离太阳又很近，这就使太阳表面如果突然发生局部区域的大规模能量释放（也就是太阳耀斑）时，大量的高能粒子流将很难被宇航服完全阻挡。因此，宇航员在实际工作中都会挑选太阳耀斑不强的时候出舱工作。

到底是"冷"还是"热"?

太空的环境温度接近绝对零度（约 −273℃），是极其寒冷的。在正常的思维下，宇航员在太空工作应该需要做好充分的保暖，但现实情况恰恰相反。前面说了，宇航服内部是与外界充分隔离的，内外几乎不存在热传导和热对流形式的热量交换，因此宇航员不会因为太空温度过低而感到寒冷。

宇航员真正感到的其实是闷热。由于宇航员在工作时身体会产生热量，就像我们在进行体力工作后身体也会发热甚至出汗一样，但宇航服的内外是完全隔离的，也就意味着宇航员产生的

热量无法通过宇航服散发出去，就像我们穿着厚厚的羽绒服在进行体力工作，即使身体发热出汗了也不允许脱下来的那种痛苦感受。不但如此，宇航员还会因为受太阳照射而感到格外炎热。虽然宇航服可以极大地限制内外的热传导和热对流，但是对太阳的热辐射却很难屏蔽。在太空中晒太阳与在地球上晒太阳的感觉差别巨大，这种差别可以由月球表面不同位置的巨大温差而充分反映出来。

由于月球质量太小，其表面并没有形成大气层，因此月球表面与太空环境并没有太大差别。在月球的向阳面由于受太阳的直接照射，阳面温度可以达到130℃甚至更高，而在背阴面由于接收不到太阳的辐射热量，温度会下降到−180℃，阴阳面的温

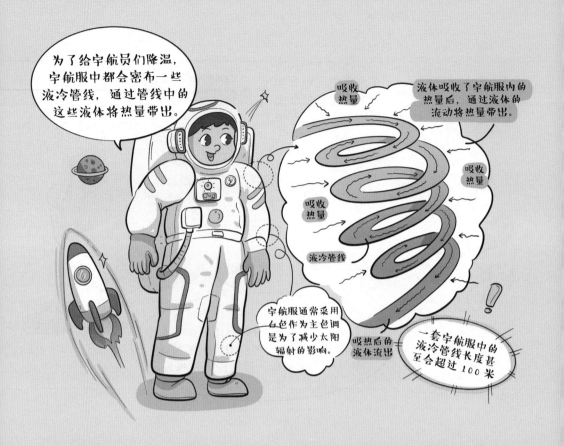

差居然超过了300℃。也就是说，即使在太空接近绝对零度的环境中，只要受到太阳的强烈照射，被照射物体的温度都会快速上升。

宇航员也不例外，面对太阳的照射，宇航员会感觉异常炎热。因此，为了及时给宇航员降温，宇航服中都会密布一些液冷管线，通过管线中冷却液的流动将宇航服内的热量携带出来，从而起到给宇航员降温的作用。据测算，一套宇航服内的液冷管线总长度甚至超过100米。当然，为了最大限度地减少太阳对宇航员的辐射影响，宇航服通常会选用白色作为主要色调。

作为宇航员的防护系统，宇航服最薄弱的部分其实是面窗。面窗材料首先要拥有足够的强度来承受宇航服内外的气压差；其次，面窗材料必须是透光的，否则宇航员便无法看到外面的世界；最后，面窗材料要能够抵抗太阳的热辐射，保护宇航员的眼睛和面部不被热辐射灼伤。

为了满足面窗的强度要求和透光性，面窗材料通常使用**聚碳酸酯**这种高分子材料。但是聚碳酸酯会同时透过可见光和红外线（这两种"光"只是波长不同），而红外线正是**太阳热辐射**的主要成分，因此聚碳酸酯是无法进行热辐射防护的。

幸运的是，日常生活中作为首饰材料的黄金却可以帮人们完

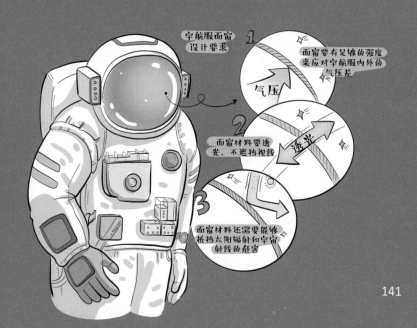

中国航天服照片（作者拍摄于北京科学中心）

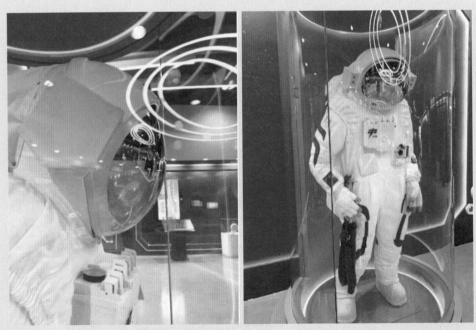

142

美地解决这个问题。黄金具备非常独特的光学性质，它可以透过可见光，同时可以近乎完全地反射红外光。如果在宇航服的面窗上镀一层薄薄的黄金，就可以既让宇航员看清外面的世界，又可以防止被红外辐射灼伤，真可谓"一举两得"。

其实，利用镀金涂层来提升红外光反射效率的技术不仅仅应用于宇航服的面窗。2021 年 12 月 25 日，继哈勃望远镜之后，人类第二个太空望远镜——詹姆斯·韦伯太空望远镜成功发射升空，它的主要任务是寻找宇宙中早期形成的星系。由于这台望远镜的一部分工作波段为红外光波段，因此人们就在望远镜的 18 块六角形主镜片上分别镀了一层极薄的黄金涂层，这样既提升了主镜片的红外光反射效率，也提升了望远镜的清晰度，同时黄金镀层还可以将非工作波段的红外光反射出去，保证了望远镜不会被红外线辐射加热，进而失去最佳工作状态。

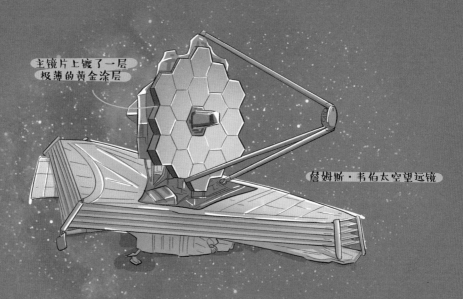

主镜片上镀了一层
极薄的黄金涂层

詹姆斯·韦伯太空望远镜

从废物到可能的资源

　　宇航服将宇航员与外界完全隔离虽然起到了很好的保护作用，但同时还要保障能够维持宇航员正常生命活动的所有基础条件，如空气更新。人需要时刻保持呼吸，人在呼吸过程中会消耗氧气而产生二氧化碳，因此，在密闭空间中氧气的含量会逐渐下降，而二氧化碳的含量会逐渐上升。如果不进行空气更新，也就是将二氧化碳消除同时补充氧气的话，宇航员就存在窒息的风险。

144

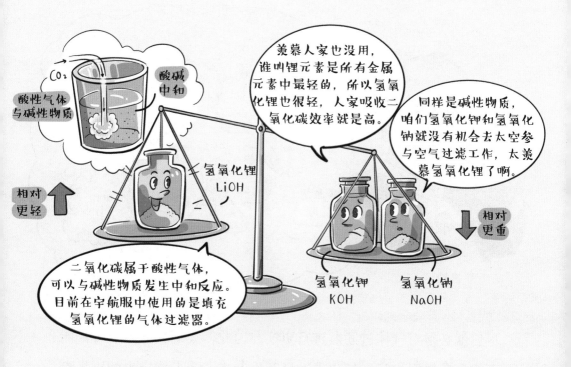

　　二氧化碳属于酸性气体，可以与碱性物质发生中和反应。目前，宇航服中通常使用填充有碱性物质氢氧化锂的气体过滤器来吸收二氧化碳。这里可能大家会有一个疑问：氢氧化钠和氢氧化钾都属于常见的碱性物质，与氢氧化锂相比，氢氧化钠的碱性更强，价格也更便宜，为什么不在宇航服中使用呢？这是因为宇航服的各个部分都需要在保证功能的前提下尽量减轻重量，而锂元素又是所有金属元素中最轻的，因此氢氧化锂可以在最小的重量下，提供足够的二氧化碳吸收能力。

　　不过将二氧化碳吸收处理依然还是将二氧化碳视为"废物"，况且氢氧化锂吸收二氧化碳的能力是有限的，当氢氧化锂消耗殆

萨巴捷

尽后就必须对气体过滤器进行更换。因此，人们又开始思考：能
不能在宇航服中将二氧化碳循环利用起来，让人体排出的废气参
与到宇航服内的空气更新环节中去？

人们发现，1912年诺贝尔化学奖得主保罗·萨巴捷发现的萨
巴捷反应有望解决这一问题。萨巴捷反应告诉我们：在催化条件
下，二氧化碳可以与氢气反应生成水和甲烷，而生成的水又可以
通过电解生成氢气和氧气。通过上述转化过程，二氧化碳就可以
变回可呼吸的氧气，从而实现"氧气—二氧化碳—氧气"的气体
更新循环。萨巴捷反应不仅可以用于宇航服内的空气净化，还可
以应用于各类航天器内的空气更新，而宇航员需要做的就只是将
反应生成的副产物甲烷收集起来并排放到太空中，以避免这种可
燃的温室气体发生燃烧，带来不必要的安全风险。

从古至今，衣服的功能已经经历了从遮蔽身体到美化装饰，再到宇宙探索的历史变迁。这种变迁其实也是人类文明发展的侧面缩影。人类是伟大的，人类也是渺小的，我们需要通过对宇宙的不断探索，来找到自我延续的最优路径，这样才能实现人类文明与种族的永恒传承，而我们每一个人其实都是这条道路的铺路者。

1. 宇宙中充斥着高能粒子辐射，这些辐射主要包含哪些粒子？

2. 詹姆斯·韦伯太空望远镜的18块六角形主镜片上镀了一层极薄的什么涂层？

3. 萨巴捷反应是什么？

附录：思考题参考答案

第一章
1. 普通植物的茎秆纤维含有较多的木质素。
2. 中国新疆。
3. 羊毛纤维在水中受到表面活性剂的润滑后，经历揉搓和搅拌就会发生缩水。

第二章
1. "蚕吐丝"的过程给人们制作人造丝提供了灵感。
2. 德国著名化学家施陶丁格。
3. 聚对苯二甲酸乙二醇酯（PET）。

第三章
1. 聚酰胺类高分子材料。
2. 不同的尼龙材料。
3. 芳纶，也被称为凯夫拉。

第四章
1. 茜素。
2. 因为靛蓝本身不溶于水，因此需要进行细菌发酵将靛蓝变为无色的水溶性的靛白，然后使用靛白进行染布。染布后靛白可以通过晾晒转变回靛蓝，从而完成染布。
3. 扎染。

第五章
1. 静电。
2. 摩擦纳米发电机。
3. 压电材料。

第六章
1. 主要为质子、α粒子（即氦原子核）、电子等。
2. 黄金涂层。
3. 萨巴捷反应的内容是指在催化条件下二氧化碳可以与氢气反应生成水和甲烷。